Agile

애 자 일

Retrospectives

회고

Making Good Teams Great

Agile Retrospectives : Making Good Teams Great
by Esther Derby and Diana Larsen

Copyright © 2006
Published in the original in the English language by
The Pragmatic Programmers, LLC, Lewisville. All rights reserved.
Korean Translation Copyright © 2008 by INSIGHT Publishing Co.

agile

Agile

애자일 회고

Retrospectives

최 고 의 팀 을 만 드 는 애 자 일 기 법

에 스 더 더 비 · 다 이 애 나 라 센 지 음 | 김 경 수 옮 김

Making Good Teams Great

인사이트

애자일 회고 - 최고의 팀을 만드는 애자일 기법

초판 1쇄 발행 2008년 1월 20일 **5쇄 발행** 2023년 1월 16일 **지은이** 에스더 더비·다이애나 라센 **옮긴이** 김경수 **펴낸이** 한기성 **펴낸곳** (주)도서출판인사이트 **편집** 박선희 **본문디자인** 디자인플랫 **제작·관리** 이유현, 박미경 **용지** 월드페이퍼 **인쇄·제본** 에스제이피앤비 **후가공** 이레금박 **등록번호** 제2002-000049호 **등록일자** 2002년 2월 19일 **주소** 서울특별시 마포구 연남로5길 19-5 **전화** 02-322-5143 **팩스** 02-3143-5579 **블로그** https://blog.insightbook.co.kr **이메일** insight@insightbook.co.kr **ISBN** 978-89-91268-38-8 책값은 뒤표지에 있습니다. 잘못 만들어진 책은 바꾸어 드립니다.

차례

Agile Retrospectives Making Good Teams Great

일러두기

• 회고란 무엇인가?

회고의 사전적 의미는 1. 뒤를 돌아다봄. 2. 지나간 일을 돌이켜 생각함이다. 이 책에서 말하는 회고의 뜻도 비슷하다. 팀이 정해진 기간 동안 해 왔던 일들에 대해 돌아본다. 하지만, 단순히 돌아보는 것만으로 끝나는 것이 아니라 문제점이나 잘한 점을 찾아내어 다음 작업에도 좋은 점은 계승하고, 아쉬웠던 점들은 다른 방식을 시도해 끊임없이 개선을 추구한다. 사전적 의미와 이 책에서 말하는 회고의 차이점을 꼽는다면, 전자는 좀 더 수동적이고 정적인 느낌인데 비해 후자는 더욱 능동적이고 동적인 느낌이 있다는 것이다.

• 회고 진행자와 퍼실리테이터

책에 보면 회고 진행자와 퍼실리테이터라는 용어가 혼재되어 나온다. 회고 진행자는 말 그대로 회고를 진행하는 사람이고 퍼실리테이터는 직역하면 '촉진자' 정도의 의미를 지닌다. 촉진자는 무엇인가를 원활하게 이루어지도록 하는 사람으로 주로 회의나 모임에서 사람들이 최대한의 가치를 이끌어내도록 진행하거나 도와주는 사람을 말한다. 따라서 회고 진행자보다 퍼실리테이터가 한층 더 넓은 의미를 띤다고 할 수 있다.

• 팀과 그룹

이 책에서 팀과 그룹이라는 용어 역시 혼재되어 나오는데, 책에서 이야기하는 그룹은 주로 회고를 진행할 때 활동을 수행하기 위해 팀을 나눠 더 작은 단위로 만든 것이다.

옮긴이의 글

애자일 컨설팅에서 일을 하면서 사람들에게 가장 많이 받는 질문 가운데 하나는 지금 당장 시도해 볼 수 있으면서 팀을 개선시키는 효과가 높은 실천법은 무엇이냐는 것입니다. 처음에는 쉽게 대답하지 못했었지만, 회고를 알고 난 후부터는 팀을 개선하는 데 가장 먼저 회고를 권해왔습니다. 하지만 이때까지만 해도 제가 경험해본 회고는 애자일 컨설팅에서 일하면서 김창준님의 3Fs[1]에 기반을 둔, 네 명 정도의 인원이 매일하는 일일 회고가 전부였습니다.

시간이 지나면서 회고를 진행하는 일이 결코 수월하지 않다는 것을 깨달았습니다. 회고는 참여하는 사람이 많아질수록, 회고하려는 기간이 길어질수록 더 구조적인 회고 활동이 필요했습니다.

또한 회고는 개인에서 수백 명에 이르는 사람들까지 굉장히 폭넓은 규모로 적용할 수 있지만, 그 규모가 커지면 커질수록 실제 개선에 도달할 수 있도록 회고를 적절히 구성하고 진행하는 일은 힘들어집니다. 그래서 팀 개선을 위해 회고를 추천하는 것이 과연 맞는 것인지 고민이 되기 시작했습니

---

1 (옮긴이) http://no-smok.net/nsmk/ThreeFs 참고

다. 제가 직접 회고하는 방법을 알려주지 않고, 단순히 회고를 하라고만 얘기하는 것이 무책임할 수 있겠다는 생각이 들었습니다.

그리고 또 시간이 흘러 이 책을 번역하면서, 저는 이 책이 그러한 고민을 해결해줄 거라는 확신을 하게 되었습니다. 여기서 제시한 방법만 적절히 활용해도 여러분이 속한 조직에서 회고란 생소한 절차를 진행하는 데 큰 문제가 없을 것입니다. 『Fearless Change』의 저자, 린다 라이징의 말마따나, 이 책은 공짜로 받는 컨설팅과 마찬가지라고 할까요?

최근 김창준님 주최로 열렸던 기(記)년회(http://xper.org/wiki/xp/2007년송년회 참고)에서 "창의력은 어디에서 오는가?"라는 제목으로 발표를 한 적이 있습니다. 결론부터 이야기하자면 창의력이라는 것은 우리의 삶에서 나오는 것이고, 우리가 생각하고 행동하고 또 다시 생각할 때 저절로 나오는 것이라고 생각합니다.

저는 지금 제 글을 읽는 순간부터 바로 회고를 여러분 삶에 적용시켜 보길 권하고 싶습니다. 여러분 조직에 바로 적용하기가 쉽지 않다면, 여러분 개인의 삶에 회고를 적용해 보시기 바랍니다. 그 형식이 일기가 되든지, 3Fs가 되든지 크게 상관없습니다. 회고로 여러분 삶을 더욱 긍정적이고 발전적으로 이끌게 될 것이라고 믿습니다.

한 가지 우려되는 점은 이 책에서 모든 예가 소프트웨어 개발자들에게 맞춰져 있어, 마치 회고가 애자일의 한 실천법으로만 인식되지는 않을까 하는 것입니다. 제 주위의 교사, 기획자, 아티스트 등, 여러 분야의 사람들이 회고를 진행하고 있습니다. 저는 이 책을 통해 회고 문화가 우리나라에 정착되어 많은 사람들이 '일일신우일신'[2] 할 수 있게 되길 간절히 바랍니다.

마지막으로 이 책이 나오기까지 도움을 주셨던 많은 분들께 감사의 말씀을 드리고자 합니다. 우선 인사이트 출판사의 '인'이 참을 인(忍)이라는 것을 보여준 박선희 편집자님과 한기성 사장님, 애자일 회고를 번역할 기회를 제공해 주신 김석준 님, 번역이 막힐 때마다 항상 큰 도움을 주셨던 애자일 컨설팅 김창준 님, 초기 베타 리딩에 참여해 준 이두환군, 그리고 번역에 항상 관심을 가지고 도와주는 것은 물론이고, 데이트할 때조차 카페에 앉아 번역을 하는 만행을 용서해준 저의 여자 친구 이은미, 마지막으로 항상 저에게 큰 힘이 되는 가족들에게 진심으로 감사의 마음을 전합니다.

김경수

저자와의 인터뷰

1. 책을 내신 후 추가하고 싶었던 새로운 영감이 있습니까?

우리는 회고에서 사용할 새로운 활동들을 끊임없이 찾고 개발합니다. 그리고 그렇게 찾은 것들을 우리 블로그에 올리고 있습니다. 곧 http://www.agileretrospectives.com에 내용들을 모을 것입니다.

2. 처음 회고를 진행하는 사람에게 어떤 조언을 해주시겠습니까?

편하게 느끼는 활동을 고르세요. 회고에 참석한 사람들 중 한 명에게 여러분이 진행한 결과에 대해 피드백을 달라고 요청하세요. 피드백을 받으며 연습하는 것이야말로 기술을 향상시키는 최고의 방법입니다.

3. 회고가 잘 진행되고 있는지 어떻게 판단할 수 있을까요?

미국에서는 토론의 수준과 공간에서의 웅성거림에 집중합니다. 만약 작은 그룹으로 나눠서 진행하는 토론에서 사람들이 조용히 있다면, 특정 주제를 끄집어내길 꺼려하거나 별로 관계없는 주제라는 신호일 수 있습니다. 사람들에게 어떻게 진행되고 있는지 물어보세요. 대부분의 경우 사람들은 여러분에게 이야기해 줄 것입니다. 여러분이 뭔가 회고가 제대로 진행되고 있지 않다고 느낀다면, 여러분의 본능을 믿으세요. 그리고 사람들에게 회고를 어떻게 느끼고 있는지 물어보세요.

4. 회고와 특별히 관계가 없으면서 회고에 도움이 되는 실천법이 있습니까?
   퍼실리테이션(facilitation) 기술은 회고와 다른 모든 종류의 회의에 도움을 줍니다. 더 나아가서 작은 집단 역학(group dynamics)에 대해 공부를 하면 회고와 일반적인 팀에 무슨 일이 일어나고 있는지 더 잘 이해하게 될 것입니다.

5. 회고가 정체에 빠졌다면, 어떻게 빠져 나올 수 있을까요?
   다른 활동을 시도해 보세요. 다른 장소에서 회고를 진행해 보세요. 혹은 다른 사람이 회고를 진행하도록 해보세요.

6. 여태까지 가장 인상적이었던 회고는 어떤 것이었나요? 회고를 통해 직접 얻은 큰 교훈을 얻었거나 다른 사람들이 학습하는 것을 보았던 경험이 있을 것입니다. 우리에게 해줄 수 있는 이야기가 있습니까?
   최고의 사례 몇 가지를 책에 포함시켰습니다.

7. 마지막으로 한국의 독자들에게 한마디 한다면?
   우리 책을 읽어주셔서 감사합니다. 부디 여러분에게 도움이 되길 바랍니다.

이 책을 읽고서…

에스더 더비(Esther Derby)와 다이애나 라센(Diana Larsen)은 회고에 대한 결정판을 만들어냈다. 이 책의 장점을 취하기 위해서 반드시 애자일 팀이 될 필요는 없다. 오로지 개선하고자 하는 욕구만 있으면 된다. 에스더와 다이애나의 조언을 따르면 여러분의 팀은 성공에 더욱 가까워질 것이다.

- 조한나 로스만(Johanna Rothman)
작가, 강연가, Rothman Consulting Group, Inc.의 컨설턴트

소프트웨어 산업을 이끄는 두 명의 퍼실리테이터(facilitator)가 다년간 축적해온 자신들의 경험을 모으고 그 정수를 뽑아내어 애자일 팀 리더들이 가까이하기 쉬운 레퍼런스를 만들었다. 그동안 독학으로 공부해 항상 즉흥적으로 회고를 진행하던 모든 사람에게 이 책은 이터레이션, 릴리스, 프로젝트 회고의 효율성을 높이는 견실한 기초가 될 것이다.

- 데이브 후버(Dave Hoover)
Agile Practices, Obtiva Corp. 리드 컨설턴트

이 책은 회고를 생기 있게 유지하고 팀이 꾸준히 학습하도록 만드는 방법을 멋지게 요약했다.

- 마이크 콘(Mike Cohn)
『Agile Estimating and Planning』의 저자

이 책은 팀 리더와 퍼실리테이터 이외에도 팀 스스로 반성하고 학습하며 일을 수행하는 방식을 개선하는 데 관심이 있는 사람이라면 모두 반드시 읽어야 한다.

- 쉘라 오코너(Sheila O'Connor) 박사.
Six Sigma Software Black Belt, LSI Logic, Engenio Storage Group

여러분이 이것을 뭐라고(회고(retrospective), 사후 검토(post-mortem), 산후 검토(post-partum), 프로젝트 종료 후 검토(postproject review)) 부르든 상관없다. 프로젝트에 공식적으로 "우리가 잘한 것 중에 잊어버리지 말아야 할 것은 무엇이지? 무엇을 다르게 해봐야 하지?"라고 질문하는 시간이 있다면 여러분의 작업은 더 나아질 것이다. 이 책을 읽는다는 건 업계 최고인 두 사람 에스더 더비와 다이애나 라센에게 거의 공짜로 컨설팅을 받는 것이다. 나는 회고 진행으로 먹고 사는 사람이다. 나를 믿어라. 나는 이 책을 처음부터 끝까지 여러 번 읽었다!

- 린다 라이징(Linda Rising)
『Fearless Change: Patterns for Introducing New Ideas』의 공동 저자

추천의 글

생일이 되면 나는 인생을 돌아보고 곰곰히 생각해 본다. 많은 일들이 어떻게 지나쳐 왔는가? 30년 전이었다면 나는 어떻게 생각했을까? 10년 전이라면? 1년 전이라면? 나는 지금 어디에 있는가? 어떻게 하면 일을 더 잘 처리할 수 있을까? 그리고 나는 내가 바라던 부류의 사람인가? 만약 현재 내가 그렇지 못하다면, 그렇게 되기 위해서 앞으로 무엇을 다르게 시도해 볼 수 있을까? 나의 강점과 지식들을 현명하게 사용해 왔나?

나에게 있어 회고란 바로 이런 것이다. 되돌아보고 평가한다. 그리고 숙고한다. 다음 한 해 동안 더 나은 길을 가고자 노력하기 위해 모든 것을 고려한다. 그 누구도, 심지어 나 자신조차도 이런 나의 행동에 점수를 매기려 하지 않는다는 사실이 기쁘다. 왜냐하면 나의 행동이 전반적으로 얼마나 잘하고 있는지 모르기 때문이다. 단지 나는 끊임없이 변하는 철학과, 내가 기대한 것보다 더 쉽게 변하는 주변 환경에 기반을 두어 추측할 뿐이다. 과연 누가 내 아이들이 어떻게 성장할지 예측할 수 있을까?

혹시 내게 한층 명확한 목표가 있고 생일이 더 자주 있다면, 이러한 회고는 더 좋은 결과를 낼 것이다. 내 생일 횟수가 잦아지고 그때마다 에스더와 다이애나가 회고에 참석한다면 일이 한결 더 잘 진행되리라고 확신한다. 이

만일 외부에서 온 진행자들이 책에서 자세히 설명하고 있는 기술들을 잘 알고 있다면 분명 새로운 통찰을 제공하고, 구체적으로 다음 단계의 틀을 잡는 데 도움을 줄 것이다.

나는 반복적이고(iterative) 점차적으로 가치를 높이는(즉, 애자일) 프로세스들을 11년 동안 사용했다. 그중에서도 내가 선택한 방법론은 스크럼(Scrum)이다. 스크럼에서 목표는 매우 명확하다. 프로젝트 목표를 일단 정하고 나서, 이터레이션마다 목표를 다시 재정의해 나가기 때문이다. 여기서 이터레이션은 30일마다 반복되기 때문에 방황할 일은 없다. 팀의 작업 영역이 일상적인 삶이 아니라 소프트웨어를 만드는 일이기 때문에 프로세스가 맞게 진행되고 있는지 아니면 조정이 필요할지 알아내기는 더 쉽다. 스크럼은 팀 활동이기 때문에 집단 반성은 특히 도움이 된다. 이를 통해 모든 사람이 기여를 하고 놀라움은 배가 된다.

에드워드 요든(Edward Yourdon)은 『Death March』(Prentice Hall, 1997)[1]에서 길고 끔찍하게 진행된 프로젝트를 겪은 경험을 소개했다. 문제는 이런 프로젝트들에는 나의 생일과 같은 점검 지점이 없었고, 재점검과 반성을 정기적으로 수행하는 시간도 마련되지 않았다는 것이다.

애자일 프로젝트에서 반복적으로 소프트웨어가 전달되는 자연스러운 리듬을 따르면 중간 중간 중단점 같은 것이 생기게 된다. 그때가 팀이 해온 일에 대해 팀원들이 어떻게 느꼈는지 알아보고 팀을 개선할 기회다. 에스더와 다이애나의 이 책에서 어떻게 그런 일들이 이루어지는지 확인하기 바란다.

켄 슈와버(Ken Schwaber)
스크럼 창시자이자 전도사, 스크럼 연합

---

1 (옮긴이) 이 책의 2판이 『죽음의 행진』이라는 제목으로 2005년 번역되었다.

서문

우리가 이야기하는 회고는 하나의 이터레이션이 끝난 후, 방법론이나 팀워크를 자세히 검토하고 수정하고자 팀이 한자리에 모이는 특별한 회의를 말한다. 회고를 통해 팀 전체가 학습할 수 있다. 또한 회고는, 변화에 대한 촉매제 역할을 하며, 행동을 유발시킨다. 회고는 프로젝트 감사 혹은 피상적으로 프로젝트 완료를 나타내는 점검표에서 더 진보한 형태라고 할 수 있다. 그리고 회고는 전통적인 사후 검토나 프로젝트 리뷰와 달리 개발 프로세스뿐 아니라 팀과 팀 내 쟁점에 대해서도 초점을 맞추는데, 이러한 팀 문제는 기술적인 문제 이상으로 해결할 가치가 있다.

우리는 지난 20년 동안 수많은 회고를 직접 진행하거나 다른 사람들이 회고를 진행할 수 있도록 가르쳐 주었다. 사실 지난 2003년 오스트리아 바덴에서 열린 연례 회고 퍼실리테이터 모임(Retrospective Facilitators Gathering)에서 우리는 회고계의 여신이라는 칭호를 얻었다. 여신 두 명이 함께 쓴 책을 읽을 기회는 날이면 날마다 오는 게 아니다! 우리가 정말로 신성을 지녔다는 것은 아니지만, 우리에게는 팀이 회고를 통해 함께 배우는 것을 도울 수 있는 풍부한 경험이 있다.

어떤 사람들은 회고가 시간낭비일 뿐이라고 이야기한다. 그래서 우리가 그런 사람들의 회고 프로세스를 좀 더 자세하게 관찰해 보니 진행하는 방식이 우리가 부르는 회고와 비슷하지 않다는 걸 알 수 있었다. 반면, 이 책에서 설명하는 것과 비슷한 프로세스를 따랐을 때는 확실하고 실리적인 결론에 다다르는 것을 관찰했다.

우리의 고객과 동료 역시 회고를 통해 많은 혜택을 보았다고 이야기한다. 다음은 우리가 보고 들은 내용을 적은 것이다. 각각의 경우, 팀은 회고를 통해 개선점을 확인하고, 새로운 실천 사항을 다음 이터레이션에 적용시켰다.

생산성(Productivity) 향상 캘리포니아에 있는 한 팀은 단위테스트를 향상시켜서 다음 배포 때 후반부 재작업을 줄였다. 팀원들은 더 많은 테스트를 추가하고 더 자주 테스트했다. 에러를 일찍 발견할 수 있었기에, 배포 후반부에 허둥댈 필요가 없었다.

역량(Capability) 향상 플로리다에 있는 한 팀은 오래 묵은 문제에 대한 해결책을 찾고자 회고를 진행했다. 그 팀에서 기업 데이터베이스에 고객 자료를 통합하는 방법을 아는 사람은 한 명뿐이었다. 그래서 팀은 둘씩, 짝으로 일정을 세워 팀의 다른 인원들도 해당 데이터베이스에 대해 알 수 있도록 했고 결과적으로 병목 현상이 제거되었다.

품질(Quality) 향상 미네소타에 있는 한 팀은 여러 이터레이션을 거치면서 고객이 잘 참여하지 않는 상황이 요구사항을 놓치게 하는 것과 연관성이 있음을 발견하였다. 그래서 남아 있는 이터레이션 동안에는 고객이 더 많이 참여할 수 있도록 해 기능에 대한 오해와 재작업을 줄이고자 했다. 고객과 협력하는 일이 늘어날수록 재작업을 하는 시간이 줄어들고, 결함을 방지하거나 리팩터링하는 시간이 많아지게 되었다.

능력(Capacity) 증가 뉴욕에 있는 한 팀은 더 작고, 높은 가치를 제공할 수 있는 기능들을 우선으로 제공하는 데 집중하였다. 그러기 위해 기능의 우선순위를 매기는 방식을 연구하고, 연별로 배포하던 것을 분기별 배포로 변경하였다.

팀은 회고하면서 눈앞에 보이는 이익뿐 아니라 능력과 기쁨이 증가하는 경험도 맛볼 수 있다.

일 년 동안 이터레이션 회고를 수행한 런던의 한 팀은 회고가 자신들의 삶을 향상시켰다고 이야기했다. 회고를 수행하는 또 다른 한 팀은 특별히 어려운 문제에 직면했을 때 사회복지사[1]에게 도움을 요청했다. 팀을 관찰한 복지사는 그 팀이 자신이 아는 그 어떤 전문 사회복지사들보다 분쟁 해결 능력이 뛰어나다는 것을 깨달았다. 그 팀은 서로 의견이 일치하지 않는 상황에서 분쟁이나 분노의 상황으로 발전하기 전에 대화를 통해 해결하는 법을 알고 있었던 것이다.

여러분이 어떤 결과를 달성할지 미리 예측할 수는 없다. 그렇지만, 우리는 여러 명확한 사례를 통해 회고가 팀워크, 방법론, 작업에 대한 만족도 그리고 프로젝트 결과를 향상시킨다는 것을 보아 왔다.

매우 귀중한 도움을 베풀어준 리뷰어들에게 감사의 말씀을 전하고 싶다. 만약 그들이 없었다면, 이 책은 세상에 나오지 못했을 것이다. Tim Bacon, Raj Balasubramanian, Nicole Belilos, Johannes Brodwall, Brandon Campbell, Mike Cohn, Rachel Davies, Dale Emery, Marc Evers, Pat Eyler, Caton Gates, David Greenfield, Daniel Grenner, Elisabeth Hendrickson, Darcy Hitchcock, Dave Hoover, Stephen Jenkins, Bil Kleb, Willem Larsen, Anthony Lauder, Sunil Menda, Sheila O'Connor, David Pickett, Wes Reisz,

---

1 (옮긴이) 우리나라에서는 조금 생소한 분야이지만, 미국에서는 사회복지사가 사람들 사이의 관계 문제를 컨설팅해 주거나 정신과 상담을 하기도 한다.

Linda Rising, Johanna Rothman, Matt Secoske, Guerry Semones, Dave W. Smith, Michael Stok, 그리고 Bas Vodde.

놈 커스(Norm Kerth)에게 감사의 말을 전하는 걸 빠트린다면 큰 실례가 될 것이다. 그는 회고계에서 원로이자 회고를 실제로 수행할 수 있도록 연구하였다. 우리 둘 다 그를 수년째 알고 있다. 사실, 우리를 서로 소개해준 분이 바로 놈 커스다. 우리는 각자 하고 있던 일에서 그와 공통점을 찾아냈고, 그 공통점 덕분에 2001년에 회고 퍼실리테이터 모임을 시작하게 되었다.

회고 퍼실리테이터 모임 회원들에게도 감사의 말씀을 전하고 싶다. 매년 우리는 회고를 통해 엄청난 경험을 한 사람들을 만난다. 오리건(Oregon)에서 열렸던 첫 모임에는 4개국(오스트리아, 덴마크, 네덜란드, 미국) 사람들이 참석했다. 2006년 독일에서 열린 모임에서는 모두 열한 개국에서 사람들이 모여 들었다.

마지막으로 Pragmatic Bookshelf의 앤디 헌트(Andy Hunt), 데이브 토머스(Dave Thomas) 그리고 스티브 피터(Steve Peter)에게 감사를 전한다. 그들 없이 우리는 이 책을 완성시킬 수 없었을 것이다.

들어가는 글

자신이 소프트웨어를 개발하는 팀의 일원이라고 생각해 보자. 여러분은 일을 잘하긴 하지만 빼어나게 잘하는 것은 아니다. 여러분은 팀원들 사이의 균열이 일어날 조짐을 발견하기 시작한다. 팀에 남았으면 하는 사람들이 여기저기에 이력서를 넣고 있다. 상황이 더 나빠지기 전에 자신의 실천 방법을 팀에 적용하고 사람들 사이의 긴장을 완화시킬 필요가 있다는 것을 알고 있다. 이를 위해 팀에 회고를 도입하고 싶다.

이번엔 여러분이 팀 리더(team leader)라고 생각해 보자. 회고에 대해 이야기는 들어봤지만 시도해 본 적이 없다. 그리고 회고를 하면 팀의 능력이 좋아진다고 듣기는 했지만, 어디서부터 시작하면 좋을지도 잘 모른다.

아니면 여러분이 이미 여러 달 동안 회고를 진행하고 있지만, 팀에서 새로운 아이디어가 전혀 나오고 있지 않는 상황이라고 가정해 보자. 회고에 다시 생기를 불어 넣어 팀이 지금껏 이뤄온 것을 잃어버리지 않도록 해야한다.

무슨 이유에서 이 책을 선택했든지, 우리는 여러분이 회고를 팀에 도움이 되는 것으로 여기고 있다고 가정한다. 여러분이 코치이든, 팀원이든, 프로젝트 관리자이든 상관없이 말이다. 혹은 여러분이 이터레이션이 끝날 때마다 회고를 진행하기로 예정되었을 수도 있고, 처음으로 회고를 시작하는 처지일 수도 있다. 그러나 그 어느 쪽이라도 이 책에서 여러분의 상황에 적용할 수 있는 아이디어와 기술들을 찾을 수 있을 것이다.

이 책에서 우리가 초점을 맞추고 있는 부분은 한 주에서 한 달 간격으로 진행하는 짧은 회고다. 애자일 방법론 또는 좀 더 전통적인 방식의 점진적이거나 반복적인 개발 방법(예를 들어 RUP 방식이 있겠다)을 쓰고 있더라도, 여러분의 팀은 주기가 끝날 때마다 반성하는 시간을 가질 수 있을 것이다. 그리고 변화와 개선할 부분을 알아내는 시간도 마련해, 제품의 질을 높이고 팀원들에게 질 높은 작업 생활(work life)을 제공할 수 있다.

회고는 애자일 작업 환경에 자연스럽게 들어맞는다. 스크럼과 크리스탈(Crystal)[1]은 제품을 점검하고 개선시키는 메커니즘과 더불어 방법론과 팀워크를 위해 명시적으로 '조사하고 적용하는(inspection and adaptation)' 주기를 포함한다. 연속적인 빌드(continuous builds), 자동화된 단위테스트, 실제 동작하는 코드의 잦은 시연은 모두 제품에 주의를 기울이고 팀이 적용할 수 있게 만드는 방법이다. 반면, 회고는 팀이 작업과 상호 작용을 얼마나 잘하는지에 초점을 둔다.

또한 회고는 팀원 수가 열 명보다 적고 작업이 독립적인 팀 환경에도 자연스럽게 들어맞는다. 회고는 사람들이 실천 방법과 문제를 처리하는 방식 그리고 표면적인 문제를 주기적으로 개선하도록 이끈다.

이터레이션 회고는 팀에 영향을 끼치는 진짜 문제에 초점을 맞춘다. 회고를 진행하면서 팀은 관리자의 허락을 기다릴 필요 없이 적용할 수 있는 진짜 해결법을 찾아낸다. 새로운 시도와 변화가 위에서 강제로 시킨 것이 아닌, 스스로 선택한 것이기 때문에 사람들은 성공하기 위해 더 많은 노력을

---

1 (옮긴이) 애자일 방법론 중 하나다. http://alistair.cockburn.us/index.php/Crystal_methodologies 참고

기울인다.

10년 전 우리가 처음 회고를 진행하기 시작했을 때만 해도 회고는 대부분 1년 이상 진행된 프로젝트 전반을 되돌아보는 방식이었다. 하지만 10년 동안 변화가 있었다. 많은 팀이 더 짧은 이터레이션으로 작업하고 소프트웨어를 더 자주 릴리스했다. 이런 팀들은 스스로 점검하고 변화를 적용하기 위해 프로젝트가 끝날 때까지 기다리지 않았다. 각 이터레이션이 끝날 때마다 작업 방식을 개선할 방법을 찾는다. 팀 코치, 팀 리더, 팀원 모두 이제는 자신들의 회고를 직접 진행한다.

혹 여러분의 팀이 애자일 방법론을 사용하지 않더라도, 프로젝트가 끝나기 전에 프로세스와 팀워크를 조사하고 변화를 적용하기 위해 이 책에 나온 조언들을 활용할 수 있다. 예컨대 회고를 매달 수행하거나 프로젝트 중간 점검(milestone) 지점에서 수행하는 것이다.

여러분은 회고를 통해 시간과 비용을 한층 효율적으로 쓸 수 있다는 것을 관리자에게 설득해야 할 수도 있다. 아무래도 관리자는 회고라는 절차를 쉽게 신뢰하지는 못할 테니 말이다. 점차적으로 늘어나는 재무와 경험에 대한 자료 체계는 회고를 한 결과, 실제로 절약과 개선이 일어난다는 것을 보여줄 것이다.

이 책에서 우리는 회고의 구조를 소개하고 계획, 설계, 회고 진행의 프로세스를 살펴본다. 프로세스가 진행됨에 따라 수행할 여러 활동을 소개하고 어떤 식으로 구성하고 이끌지 지침을 제공할 것이다. 그리고 실제 회고를 진행하면서 겪었던 이야기들을 공유할 생각이다.

또한 회고 진행자의 역할에 대한 부분도 다뤘다. 좋은 회고 구조와 알맞은 도구를 사용하면 사람들은 대부분 자신감과 능력을 갖고 회고를 진행해 팀이 목표를 달성하도록 도울 수 있을 것이다.

그리고 이터레이션 회고의 기본적인 구조를 3개월 단위의 릴리스나 일 년 단위의 프로젝트 회고에 맞춰 어떻게 조절하는지에 대한 내용도 담았다. 팀은 릴리스나 프로젝트 후 해산되더라도 조직과 개인은 회고를 통해 더욱 배우고 나아질 수 있다.

01 팀이 조사하고 적용하게 하기

A g i l e
R e t r o s p e c t i v e s
Making Good Teams Great

이미 훌륭한 팀들일지라도 회고를 거치면 더욱 개선될 수 있다. 이번 장은 지난 이터레이션(iteration)[1]때 수행한 결과를 토대로 한 시간 동안 회고를 어떻게 진행하는지 지켜보는 것으로 시작하려 한다. 다음에 나올 회고 진행자가 하는 일을 지켜보고 분석하여 각자의 회고에 알맞게 적용하자.

다음은 회계 소프트웨어를 작성하는 팀의 이야기다. 이 팀은 2주 간격으로 진행되는 이터레이션이 끝날 때마다 회고를 하며 회고 진행자는 서로 번갈아가면서 맡는다. 이번 주 진행자는 다나이다.

---

1 (옮긴이) 애자일 방법론에서 이야기하는 개발 주기로, 보통 한 달에서 2주의 기간을 뜻한다.

구석에 포스터 몇 장이 붙어 있는 화이트보드를 향해 팀원들이 모두 반원 모양으로 앉자, 다나가 회고를 시작한다.

"자, 지난 이터레이션에서 우리가 한 일을 점검해 보고자 이렇게 다시 모였습니다. 우리가 팀워크와 방법론에 집중하는 데 할당된 시간은 한 시간입니다. 지금이 오후 4시니까, 5시까지 끝내야겠군요. 이번엔 개발 프로세스에 초점을 맞춰 논의해 보죠. 우리 모두 결함이 증가하고 있다고 느끼고 있잖아요."

"먼저 자료를 보기 전에 간단하게 체크인(check-in)[2]을 해보죠. 여러분이 지금 회고를 시작하면서 느끼는 감정을 한두 마디로 이야기해 보세요."

팀원 여섯 명이 돌아가며 각자 짧게 대답한다. 먼저 첫 번째 팀원이 말을 꺼냈다. "저는 당황스럽습니다."

"의문이 생깁니다." 이어서 두 번째 팀원이 이야기했다.

"결점 때문에 속상합니다." 세 번째 팀원이 말하자, 첫 번째 팀원이 세 번째 팀원의 팔을 쿡 찌르며 말했다.

"이봐, 그건 두 마디가 넘잖아!" 세 번째 팀원은 지적을 받고,

"속상합니다."라고 정정했다.

나머지 세 명의 대답도 마저 들은 뒤 다나는 진행을 계속한다.

"여러분 중에 기존에 사용하던 작업 규칙(working agreement)[3]을 수정할 필요가 있다고 생각하시는 분이 계십니까?" 다나가 벽에 붙어 있는 작업 규칙

---

2 (옮긴이) 국내에서는 별로 사용하지 않는 방법이지만, 미국에서는 모임 도입부에 많이 하는 활동이다. 여러 가지 형식이 있을 수 있는데, 보통은 돌아가면서 현재 자신이 느끼고 있는 감정을 한 단어로 표현하게 한다.

3 (옮긴이) 작업 규칙은 특정 작업을 수행함에 있어서 구성원들이 따라야 할 규칙들을 이야기하는데, 그 작업의 특성에 따라 각기 다른 규칙들을 세울 수 있다. 예를 들어 회의를 수행할 때는 '전화를 꺼둔다.'라는 작업 규칙을 세우고, 실제 프로그래밍 하는 작업에서는 '짝 프로그래밍을 하루에 30분 이상 한다.'과 같은 규칙을 세울 수 있다.

을 가리키며 물었다. 팀원 모두 기존 작업 규칙이 충분하다는 데 동의하자, 다나는 앞으로 진행할 회의의 개요를 간단히 소개했다.

"우선 우리는 자료를 살펴보고, 브레인스토밍한 후, 비슷한 요소들을 합쳐볼 겁니다. 그러고 나서 다음 이터레이션 때 발생할 문제를 해결할 수 있는 아이디어를 몇 개 내고, 그중 하나를 골라 새로운 시도를 계획할 생각이에요. 모두 동의하시나요?"

모두 동의하자, 다음 단계로 넘어갔다.

"결함에 대한 자료를 살펴보죠." 다나가 커다란 도표를 가리키며 말했다. 도표에는 팀원들이 각자 작업하고 있는 기능과 테스트 도중 발견된 결함의 수가 나타나 있었다. "자, 그동안 어떤 일이 있었나요? 여러분이 각 기능에 대해서 작업하는 동안 무슨 일이 있었는지 적어 주세요." 다나는 포스트잇을 나누어 주며 해야 할 일들을 알려 주었다. "한 이터레이션 동안 무슨 일이 일어났는지 알아보겠습니다. 기억나는 사건들을 적고 뭔가 좌절을 겪었던 부분에 주황색 포스트잇을 붙여 주세요."

"흠." 팀원 한 명이 마지막 주황색 포스트잇을 벽에 붙이고는 생각에 빠졌다. "결함이 꼭 좌절했던 경험과 연관되지 않는다는 것이 놀랍네요. 왜 그럴까요?"

"다 같이 그 답을 찾아볼까요? 5분 동안 우리가 알고 있는 모든 사실을 적고, 발견할 수 있는 패턴이 있는지 살펴봅시다." 다나는 아까 나누어 준 포스트잇보다 더 큰 포스트잇과 마커를 나누어 줬다.

한 팀원은 바로 거침없이 쓰기 시작했고, 또 다른 팀원은 1분 동안 도표를 유심히 관찰한 후 쓰기 시작했다. 다른 두 명은 조용히 이야기를 나누며 생각을 교환하고 나서야 적기 시작했다.

5분이 지나자 팀원들은 화이트보드 앞으로 걸어 나와 자신이 적은 내용을 붙였다.

"서로 연관되는 것이 있나요?" 다나가 묻자 팀원들은 포스트잇에 적은 내용에 대해 이야기하면서 연관되어 있는 내용이 적힌 종이를 이리저리 옮겨 두세 개씩 모으거나 떨어뜨려 놓았다.

10분이 지나자 묶음이 4개 정도 완성되었다. 팀원들은 묶음마다 각각 '일관성 없는 짝 프로그래밍', '시간이 없어서 테스트 주도 개발을 하지 못함', '냄새 나는 코드'[4], '기존 코드(legacy code)' 라는 이름을 붙였다.

"이걸 보고 무엇을 알 수 있을까요?" 다나의 질문에 팀원들은 각 원인을 주제로 토론하기 시작했다. 토론이 끝나고 다나는 또 다시 질문을 던졌다.

"이 중 결함과 가장 관계 깊은 것은 무엇인가요?" 모두 이구동성으로 "기존 코드"라고 대답했고, 다나는 몇 분 동안 다음 이터레이션에 결함을 줄일 수 있는 방법으로 무엇이 있을지에 대한 브레인스토밍을 진행했다.

팀원들과 브레인스토밍을 한 결과, 해결책으로 다섯 가지가 제시되었다.

"이제 투표를 해봅시다. 시도해 봤으면 하는 방법에 한 사람당 점을 두 개씩 찍어 주세요."

2분 후, 최고점을 받은 방법이 나왔다.

"그럼 새로운 방법을 실행할 계획을 짜볼까요?"

팀은 15분 동안 새로운 시도에 필요한 다음과 같은 행동 단계(action step)들을 점검했다.

- 지원 그룹에 있는 샐리에게 도움을 받을 시간을 정한다(샐리는 이 코드를 가지고 수년 동안 작업을 했다).
- 우리가 손댈 기존 코드에 대한 단위테스트를 작성한다.
- 일주일에 하루 이틀 정도 아침에 샐리와 함께 짝으로 작업한다.

---

4 (옮긴이) 리팩터링에서 이야기하는 용어로 정리와 개선이 필요한 코드를 말한다.

회고 시간이 5분이 남았을 즈음에 다나는 팀원들에게 다시 한 번 질문을 던졌다. "둘이서 작업하는 방식은 어떤가요? 우리는 하루에 4시간씩 짝으로 작업하기로 했었는데요."

"맞아요. 다나." 한 팀원이 대답했다. "잘 지키지 못했던 것 같아요. 기억이 잘 나도록 짝 상황판(pairing dashboard) 같은 것을 붙여 두면 좋겠네요."

"좋아요. 이제 마칠 시간이네요. 그럼 기존 코드 문제를 해결하기 위해 새롭게 시도한 부분이 성공했는지 어떻게 판단할 수 있을까요?"

"음……. 만일 새롭게 시도한 방법이 성공했다면 전체 코드 중 기존 코드 부분에서 결함이 더 적어지겠죠. 단위테스트를 엄격하게 할 테니까요."라고 한 팀원이 대답하자, 다른 팀원들이 모두 동의했다.

회고를 마치며 다나는 다음 회고 진행자를 확인했다. "다음 회고는 누가 진행하죠?" 한 명이 손을 들었다. "다음 회고 때 새로운 자료를 준비해 오는 걸 잊지 마세요. 모두 수고하셨습니다. 그럼 오늘 이야기한 행동 단계들은 내일 아침 9시 계획 회의(planning meeting) 때 다루도록 하죠."

*

다나가 회고를 진행한 방법을 되짚어 보자.

다나는 회고를 진행하는 동안 그룹에게 목적과 초점, 할당된 시간을 알려주었고, 어떻게 시간을 사용할지 이야기해 주었다. 회고 초반에 체크인을 거쳐 한 사람도 빠짐없이 이야기하도록 했고, 팀이 세운 작업 규칙을 검토했다.

또한 팀의 결점을 점검하고 무슨 일이 있었는지, 취약한 부분은 어디인지 팀원에게 질문했다. 그로 인해 팀원들은 자료를 공유할 수 있었고, 개개인이 알고 있던 자료가 아닌 공유된 자료를 토대로 생각할 수 있었다. 뿐만 아니라 다나는 팀원들에게 사실(결점 자료)과 감정(취약 영역)에 대해 직접 점검해 보길 요청했다.

이를 통해 팀원들은 스스로 주어진 정보들을 해석하고 반복되는 패턴을 발견할 수 있었다.

또한 다나는 사람들이 해결 방법들을 찾아내고, 그중 하나를 골라 회고의 초점에 부합된 목표를 달성시킬 계획을 마련하도록 이끌었다.

다나는 시간에 맞춰 회의를 끝냈다. 그리고 그룹과 함께 진행 과정을 어떻게 평가할지 확인하고, 사람들의 참여에 감사를 표하는 것으로 회고를 마무리지었다.

다나가 진행한 회고의 구조는 다음과 같다

1. 사전 준비를 한다.
2. 자료를 모은다.
3. 통찰을 이끌어낸다.
4. 무엇을 할지 결정한다.
5. 회고를 마무리한다.

우리는 매년 회고 퍼실리테이터 모임(Retrospective Facilitators Gathering)에 참석해 회고를 진행하는 새로운 방법과 기존 방법에서 찾은 특별한 요령을 배워 이 구조에 적용시킨다. 이 구조가 이미 그 효과를 입증했기 때문이다. 여러분에게도 효과가 있을 것이다. 이 구조를 한 시간에 맞출 수도 있고 혹은 사흘로 확장시킬 수도 있다. 새로운 활동이 더해지면서 어떤 변화가 생길 수 있다. 그러나 기본 구조는 이렇게 고정해 놓자. 앞으로 이 구조를 통해 회고에 필요한 행동들을 수행할 것이다.

1.1 사전 준비하기

사전 준비 단계는 사람들이 손쉽게 주어진 일에 집중할 수 있도록 만든다. 이 단계를 거치면서 여러 사안에 대해 편안하게 논의할 수 있는 분위기가

그림 1.1 반복된 생명 주기의 한 부분인 회고 단계

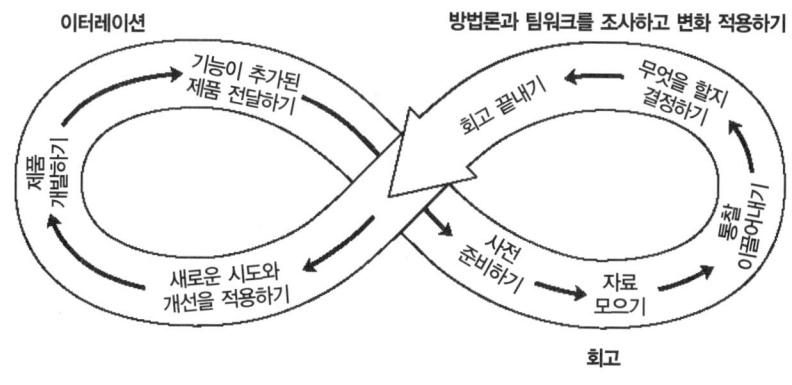

형성되며, 팀원들은 회고의 목표를 다시금 확인하게 된다.

먼저 간단한 환영 인사와 함께 시간을 내준 사람들에게 감사를 표하는 것으로 시작한다. 회고의 목적과 이번 회기(session)의 목표를 한 번 더 설명한다. 그리고 회고가 얼마 동안 진행될지도 말한다.

설명이 끝났다면 방에 있는 모든 사람이 돌아가며 한마디씩 이야기하는 시간을 갖는다. 회고를 시작할 때부터 말을 하지 않은 사람은 이후에도 계속 말을 하지 않아도 괜찮다고 생각하기 쉽기 때문이다. 회고의 목적은 사람들이 함께 생각하고 배우는 것이니만큼 진행자는 모든 사람을 참여시켜야 한다. 이 시간은 논문을 작성하는 지루한 시간이 아니다(이 시간이 얼마나 소요될지 계산하자. 만약 열 명으로 구성된 팀에서 한 사람이 3분씩 이야기한다면, 소개하는 데만 30분을 허비한다. 팀에 다섯 명뿐이라 해도 이런 시간은 늘어나기 십상이다). 한두 단어로 회고에 대한 희망사항을 표현하길 요청한다.

다음으로 이번 회기의 진행 방법에 대해 간략히 소개한다. 누구에게나 시간은 소중하게 마련이다. 사람들은 자신의 시간을 쓸모 있게 사용하고 싶어

모든 목소리

회고가 끝날 무렵 브렌다가 갑자기 입을 열었다. "내가 이렇게 말을 많이 했다니… 정말 놀라워요."

다른 팀원들도 모두 동의했다. "맞아요, 브렌다는 항상 조용했어요. 브렌다가 이번에 말을 많이 해서 정말로 기뻐요. 그동안 할 말이 많았나 보네요."

"어떻게 내가 말을 많이 할 수 있었죠?"

대답은 간단하다. 회고 진행자는 회고가 시작되고 채 5분이 지나기 전에 모든 팀원에게 자신의 이름을 말하게 했을 뿐이다.

대답이 너무 간단해서 과연 효과가 있을까 싶겠지만, 이 방법은 통한다.

한다. 참가자들에게 진행 방법을 알려 주면 이 회의가 목표 없이 표류하지 않으리라는 확신을 심어줄 수 있다.

진행자인 여러분이 시간, 목표, 진행 사항을 설정했다면, 이제 사람들 스스로 어려운 주제를 이끌어내고, 의욕적으로 대화할 수 있는 환경을 만들 차례다. 그러기 위해 팀이 추구하는 가치와 작업 규칙이 중요한데, 팀이 추구하는 가치와 작업 규칙은 모든 팀원이 받아들일 만한 행동과 대화 방식을 나타낸 사회적 약속을 뜻한다. 우리가 이야기할 작업 규칙은 추상적이고 과장된 것, 예를 들어 '우리는 모든 사람에게 동등한 가치를 부여합니다(실제로 그렇게 하고 있다 할지라도).' 따위가 아니다. 우리는 사람들이 곤란해 하는 문제를 언급하고, 감정적인 주제나 환영 받지 못할 뉴스도 꺼낼 수 있도록 도와주는 작업 규칙에 대해서 이야기할 것이다.

만약 팀에게 기존에 추구하던 가치가 존재한다면, 그것을 사용하자. 회고 진행자는 그러한 가치를 회고에서 사용할 수 있도록 사람들의 기억을 상기시켜야 한다. 때로는 회고에서 팀이 추구하는 가치를 사용하고자 그중 몇 개를 따로 골라낼 필요도 있다.

예를 들어 보자. 어떤 XP[5]팀은 품질, 단순함, 팀워크, 용기라는 가치들을 추구하고 있다. 한 팀원이 단순함이란 가치를 어떻게 회고에 적용할 수 있는지 묻자 회고의 코치는 단순함이 실제로 수행 가능한 가장 단순한 개선 행동을 찾는 것을 의미할 수 있다고 답했다. 다른 사람들은 그 외에 품질, 팀워크 그리고 용기가 회고에서 어떻게 적용되는지에 대한 자신의 생각을 덧붙였다.

팀 가치와 마찬가지로 이미 팀에게 작업 규칙이 있다면 그것을 모두 볼 수 있는 곳에 붙여 놓고 검토한다. 작업 규칙을 회고에 맞게 수정할 필요가 있다면 그렇게 한다.

어느 게임 개발 팀의 경우 첫 번째 작업 규칙이 '짝 프로그래밍을 할 때마다 다음 짝이 코드를 사용할 수 있도록 확실하게 준비해야 한다.'였다. 그러나 이를 회고에 맞춰 '모든 하위 팀(subteam)은 회고를 할 때 전체 팀이 사용할 수 있도록 자신들의 작업을 준비해야 한다.' 로 규칙을 조정하였다.

만일 작업 규칙이 없는 팀이라면, 다음 단계로 진행하기 전에 바로 작업 규칙을 세운다. 모든 상황을 예측하기는 불가능하지만, 대부분의 그룹이 작업 규칙을 다섯 개 정도만 마련해도 거의 모든 상황에 대처할 수 있다. 혹 작업 규칙이 두 손으로 꼽을 수 없을 정도라면, 필요 이상으로 작업 규칙이 많다고 보면 된다.

이제 회고를 시작하기 전에 작업 규칙을 만드는 작업이 왜 필요한지 설명하겠다. 어느 그룹이 회고에서 민감한 주제를 막 끄집어내려 했을 때 한 팀원의 핸드폰이 울리기 시작했다. 이 시점에서 "전화를 받지 마."라고 이야기하기에는 진행자의 처지가 좀 난처하다. 다른 팀원들이 보기에도 무슨 일

---

5 (옮긴이) Extreme Programming의 약자로 애자일 방법론의 하나다. http://xper.org 참고

> ### 팀이 책임지는 작업 규칙
>
> 회고를 하는 동안 팀원들이 작업 규칙을 지키는지는 팀 스스로 지속적으로 감시하게끔 만들자. 팀원들이 서로 자신의 행동에 책임을 진다면, 여러분은 회고를 매끄럽게 진행하는 일에만 집중할 수 있다.

이 발생하고 난 다음에서야 새로 규칙이 만들어지면 혼란을 느낄 것이다. 이럴 때 만약 작업 규칙 중에 "회의 중엔 핸드폰을 꺼두세요."라는 항목이 있다면, 그런 행동을 제재하기가 수월해진다. 사람들도 공평하다고 느낄 것이다. 어찌 보면 회고 진행자인 여러분의 최종 목표는 회고를 진행하는 동안 스스로 깐깐한 지도자처럼 보이는 것이다.

작업 규칙을 미리 만들면 좋은 점이 또 하나 있다. 작업 규칙을 세우면서 단순히 회고 진행자만이 아니라 팀원 모두 구성원으로서 행동과 협동에 책임을 느끼게 된다[Der05].

만약 팀이 작업 규칙을 처음 만들어 본다면, 10분 내지 15분 정도 시간이 소요될 것이다. 하지만, 일단 작업 규칙을 만들어 놓으면 다음 회고에서 다시 사용할 수도 있고, 일상 작업에서도 사용이 가능하다.

팀이 어떤 작업 규칙을 만들고, 어느 부분을 수정하는지 잘 살펴보면, 사람들이 어떤 점을 걱정하고 있는지 알 수 있다.

한 예를 살펴보자. 크리스는 팀 외부에서 온 기술 리더로 화학 분석 소프트웨어를 작성하는 팀과 함께 작업 규칙을 만드는 일을 돕고 있었다. 그 팀은 "모든 사람이 참가한다."라는 작업 규칙을 새로 추가했다.

크리스가 처음 활동을 시작했을 때, 팀원들이 데이브 때문에 고민하고 있음을 파악했던 것이다. 데이브는 팀 내에서 개발자로 중요한 위치에 있었다. 첫 그룹 회의 때 데이브는 끊임없이 자신의 견해를 피력했다. 다른 팀원이 대화에 끼어들려고 하자, 데이브는 손을 흔들며 가로막고 자신의 이야기를 계속했다. 이에 크리스는 팀이 작업 규칙을 지킬 수 있도록, 데이브의 발언을 기록한 후 "고마워요, 데이브. 자, 이제는 다른 사람의 이야기를 들어보죠."라는 식으로 그 팀원의 이야기를 진행시켰다. 그로인해 다른 팀원들도 자기 의견을 좀 더 내세울 수 있었다. 데이브는 여전히 엄청나게 많은 이야기를 하지만, 이전처럼 회의 전체를 장악하는 일은 없어졌다.

회고를 시작할 때 서로 간단히 인사나 소개를 하는 시간을 작업 규칙 점검을 포함해 5분 정도 걸린다. 경험이 부족한 회고 진행자는 사전 준비 단계를 건너뛰고 바로 본론으로 뛰어드려는 경향이 있다. 그러나 우리는 사전 준비를 하는 데 소모되는 시간을 아깝다고 생각해 본 적이 없다. 여러분의 경우도 마찬가지다. 이 절차를 건너뛰어 생긴 '절약된' 시간은 결국 나중에 더 많은 시간을 허비하게 만든다. 초반에 한 번도 입을 열지 않은 사람은 끝까지 회고에 전혀 참여하지 않을 수도 있고, 어쩌면 팀의 통찰과 결정을 신뢰하지 않을 가능성도 있다. 팀원들이 접근 방법을 알지 못한다면 회고에 대한 팀의 집중력도 흐트러지고, 회고도 본래 달성하려는 목적에서 벗어나고 만다. 그러나 팀이 추구하는 가치와 작업 규칙이 있다면 팀원들은 계속 생산적인 대화를 나누고 의사소통할 수 있게 된다.

그러니 절대로 사전 준비 단계를 건너뛰거나 시간을 줄이지 않기 바란다.

1.2 자료 모으기

지난 한두 주 간격의 이터레이션 동안 발생한 여러 사건과 의사소통, 작업 내용 등에 관한 자료를 모으는 행위가 자칫 시시해 보일 수도 있다. 하지만 만약 누군가 한 주 동안 작업한 내용에서 하루라도 빠뜨리면, 한 주 동안 일어났던 일의 20%를 잃어버리는 셈이 된다. 사람들이 한 공간에 있다고 해서 모든 부분을 다 볼 수 있는 것은 아니며, 설령 같은 사건을 바라본다고 해도 사람마다 시각이 다를 수 있다. 자료를 모은다는 것은 이터레이션 동안 일어났던 모든 일을 공통의 그림으로 그려낸다는 의미다. 공통의 그림이 없다면, 각자 자신의 의견과 믿음만을 증명하려 할 것이다. 자료를 모음으로써 참여한 모든 개개인의 관점을 전체의 관점으로 확장한다.

먼저 사건, 측정, 완료된 기능, 사용자 스토리 같은 눈에 보이는 자료부터 시작해 보자. 사건은 회의나 의사결정 시점, 팀원 변경, 프로젝트 중간 점검(milestone), 축하 모임, 새로운 기술 채용 등 팀원들에게 의미 있는 사건이면 무엇이든 포함한다. 측정에는 소멸 차트(burndown chart)[6], 작업 속도, 결함 개수, 완료된 사용자 스토리 수, 리팩터링한 코드의 양, 공수 자료(effort data) 등이 들어갈 수 있다. 회고 진행자는 사람들이 팀 달력과 문서, 이메일, 차트 등의 결과물을 공통의 그림에 포함시키도록 독려한다.

한 시간 동안 진행되는 회고에서는, 사람들에게 자료나 사건에 대해 구두로 의견을 받거나 작업 보드와 커다란 차트에 써 달라고 요청할 수 있다. 팀이 한두 주보다 더 이전의 과거로 돌아가야 한다면, 시간축(timeline)[7]이나 자료 차트를 이용해서 눈에 보이는 자료로 만든다. 자료와 사건을 생생하게 그림으로 표현하면 사람들이 일정한 패턴을 발견하거나 서로 상관있는 것끼리 연결하기 쉬워진다.

눈에 보이는 요소들은 자료의 일부분일 뿐이다. 자료에서 절반 이상은 감정이라는 요소가 차지한다. 사람들의 감정에 대해 주의를 기울이면 무슨 일이 일어났었는지, 팀 작업을 하면서 사람들이 무엇을 중요하게 생각하는지 알 수 있다.

팀원들이 마음속에 품고 있던 생각이 감정을 통해 드러나는 경우도 있다.

---

6 (옮긴이) 애자일 방법론의 하나인 스크럼에서 사용하는 것으로, 작업 진행 상황을 볼 수 있는 차트다.
7 (옮긴이) 일어났던 사건들을 인덱스카드나 포스트잇에 적어 시간 순으로 붙여 놓은 표를 말한다.

그림 1.2 **캘리의 사건 카드(event card)에는 긍정적인 의미를 지닌 녹색 점이 9개, 부정적인 의미의 파란 점이 한 개 붙어 있다.**

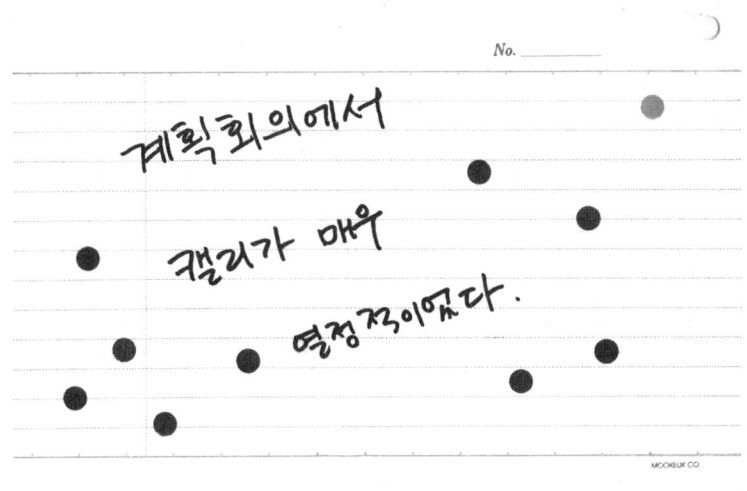

팻의 팀은 한 달간의 이터레이션 동안 일어났던 일들을 카드에 적어 시간 순으로 벽에 붙여 시간축을 만들었다. 팀원들은 긍정적인 사건에는 녹색 점 스티커를 붙이고, 부정적인 사건에는 파란색 점 스티커를 붙였다. 모두 점을 붙이고 난 후, 카드 하나가 눈에 띄었다(그림 1.2).

그 카드에는 녹색 점이 9개, 파란 점이 1개 붙어 있었다.

캘리는 파란 점을 자신이 붙였다고 고백했다. "사실 저는 계획 회의 시간을 제가 망쳐 버렸다고 생각했어요. 그런데 그걸 좋았다고 생각하는 사람이 있다니……. 잘 믿지 못하겠어요."

"캘리, 당신이 혼란스러워 하는 건 충분히 이해해요. 그래도 그런 이야기를 해줘서 우리가 그 문제를 고칠 수 있게 되었어요."

사실 팀원 중 몇 명이 캘리와 비슷한 걱정을 했었다. 그러나 아무도 그에 대해서 이야기하지 않았기 때문에 문제를 해결할 수 없었다. 캘리가 자신의

감정이라는 단어(The F Word)

좋다. 우리는 지금 개발자들을 상대로 이야기하고 있다. 개발자들은 자신들의 감정에 대해서 잘 이야기하지 않으려는 성향이 있다. 그래서 우리는 회고를 할 때 사람들의 감정을 직접적으로 묻지 않는다. 그 대신 우리만의 방식을 이용해 접근한다.

사람들의 감정을 직접 묻지 않고 조금 다른 방식으로 질문한다.

당신이 일하러 오면서 즐거움을 느꼈던 적은 언제였나요? '단지 일이니까' 하는 마음으로 일하러 온 적은 언제인가요? 언제 일하러 끌려오는 듯한 기분을 느끼시나요?

어떤 일에 가장 높은 점수를 주십니까? 어떤 일에 가장 낮은 점수를 주시나요?

이번 이터레이션에 했던 작업들은 어땠습니까?

언제 (분노, 슬픔, 놀라움 같은 감정을 나타내는 단어로 채운다.)을/를 느낍니까?

이런 질문들을 하면 사람들은 이터레이션 동안 느꼈던 사항들을 좀 더 수월하게 말할 수 있다. '감정(feeling)'이라는 단어를 사용하지 않고 말이다.

감정을 솔직히 말해 준 덕분에 팀은 이제껏 그냥 지나쳐 오던 문제를 끄집어내어 해결하게 된 셈이었다.

의도적으로 사람들이 느끼고 있는 감정에 대해 알아보지 않았다면, 이러한 문제는 끝내 알 수 없었을 것이다.

감정에 대해 이야기할 수 있는 체계적인 방법을 만들어 사용하면, 사람들은 감성적인 주제를 더 편하게 언급하게 된다. 감정적인 내용을 회피한다고 해서 그런 일들이 사라지지는 않는다. 오히려 저변에 흐르면서 사람들의 활력과 동기를 갉아먹을 뿐이다. 아니면, 결국 그런 감정적인 문제들은 화염에 둘러싸인 분노로 표출되곤 한다. 이런 소모적인 논쟁은 회고에 아무런 도움이 되지 않는다.

다음 단계를 진행하기 전에 팀원들과 함께 모은 자료를 간단히 검토해 보는 시간을 갖는다. 여러분이 모은 자료들을 한번 훑어보고 패턴이나 변화, 뜻밖의 일들에 대해서 이야기하자.

사실과 감정을 포함해 철저하게 자료 수집을 한다면 남은 회고 시간 동안에 더 나은 생각과 행동을 할 수 있을 것이다. 공유하는 그림이 없을 경우, 사람들은 자신의 좁은 영역에서만 작업을 하게 된다. 각자 자신의 자료만 본다면, 팀은 변화와 시도를 주저하게 될 것이다. 또한 감정에 대한 자료가 없을 경우 팀은 자신들에게 가장 중요한 주제에 대해서 이야기하지 않을 수도 있다.

1.3 통찰 이끌어내기

이제 '왜?'라는 질문을 하고, 무엇을 지난번과 다르게 진행할지 생각해 볼 차례다. 통찰 이끌어내기를 통해 팀은 자신들의 강점이 될 만한 자료를 찾고, 지난 이터레이션에 발생했던 문제들도 고민해 볼 수 있다.

팀을 성공으로 이끈 조건, 상호 작용, 패턴들이 무엇인지 팀 스스로 검토할 수 있도록 돕고 여러분은 취약한 점이나 부족한 점을 조사한다. 그리고 위험요소와 예측하지 못한 사건 혹은 결과들을 찾는다.

일단 문제점이 발견되면 문제를 해결하려 바로 뛰어들기는 쉽다. 운이 좋으면 자신이 떠올린 첫 번째 해결책이 문제 상황에 바로 들어맞을 수도 있겠지만, 대부분의 경우에는 그렇지 않다. 이 단계에서는 문제를 바로 해결하려 뛰어들기보다는 추가 가능성을 고려하여, 원인과 효과를 알아본 다음, 그것들을 분석적으로 생각해 볼 것이다. 물론 팀이 다 같이 생각해야 한다.

이러한 통찰을 통해 팀은 어떻게 하면 더 효율적으로 작업할 수 있는지 알게 될 것이다. 이것은 회고의 궁극적인 목표이기도 하다.

'통찰 이끌어내기' 단계에서 팀은 한발 뒤로 물러서서 여유를 가지고 큰 그림을 함께 본다. 그럼으로써 가장 근본적인 원인을 찾게 된다.

재사용할 수 있는 기술들

통찰을 이끌어내고 문제점을 분석하는 데 사용되는 활동과 기술들은 회고 이외의 영역에서도 적용할 수 있다.

팀이 기술적인 문제를 이해하고 요구사항이나 사용자 스토리의 우선순위를 매기거나, 전략을 세우고 혁신을 추구하는 과정에 이러한 분석 도구들을 사용하기도 한다.

한 예로, 웹 개발 팀은 회고를 진행하면서 마인드맵 만드는 법을 배웠는데, 나중에 사람들은 고객과 마찰이 일어났을 때, 마인드맵을 이용해 다양한 해결 방법을 탐색해 나갈 수 있었다.

이 단계를 건너뛰면 팀은 사건, 행동, 환경이 소프트웨어를 개발하는 능력에 어떻게 영향을 미치는지 이해하지 못할 수 있다. 통찰을 이끌어내는 데 시간을 투자한다면 그 팀은 분명 개선을 지향하고 있다고 봐도 좋다. 바람직한 방향으로 말이다.

1.4 무엇을 할지 결정하기

이 단계에서는 시도해 볼 작업과 개선 사항의 목록을 작성한다. 목록이 작성되면 가장 중요한 항목을 고르고(일반적으로 한 이터레이션 동안 두 개가 넘는 항목을 선택하지 않는다) 무엇을 할지 계획한다. 회고 진행자인 여러분이 가장 우선해야 할 일은 팀이 실험과 실행을 계획할 수 있도록 체계와 지침을 세우고 그에 맞춰 사람들을 이끄는 것이다.

가끔씩 개선하고자 하는 일이 너무 많아 한도 끝도 없이 의견이 늘어나는 팀이 있다. 하지만 팀원들의 의견이 지나치게 많을 경우, 여러분은 이러한 변화를 전부 감당해 내지 못한다. 한두 개만 다음 이터레이션에서 적용을 시도할 수 있도록 선택하자. 이때 팀이 충분히 실천할 수 있고 긍정적인 결과를 도출할 수 있는 항목을 선택하도록 도와야 한다. 만약 이전 이터레이션에서 시도했던 변화가 너무 고통스러웠다면, 이번에는 조금 덜 복잡한 것을 선택하게 하는 것이다.

회고를 진행하면서 결정한 사항들을 차츰 행동으로 옮기다 보면 팀에게도 어떤 추진력(momentum)이 생기게 된다. 회고를 시작하고 마이크의 팀은 "모든 팀원이 하루에 최소한 4시간을 짝으로 일하기."라는 새로운 작업 규칙을 만들었다. 이는 일관성 없이 진행되던 짝 프로그래밍 때문이었다. 잔의 팀은 회고를 통해 그들의 연구실을 다시 디자인했고 체크인 방식도 새로 만들었다.

새로운 시도와 변화를 계획하는 방법으로 스토리 카드(story card)[8]나 백로그 아이템(backlog item)[9]을 만드는 것이 있다. 이러한 방법들을 써서, 개선 계획을 다음 이터레이션에 쉽게 적용할 수 있다. 그런 이유로 회고는 다음 이터레이션에 대한 계획을 짜기 바로 전에 하는 것이 이상적이다. 그리고 회고와 다음 이터레이션의 계획 회의 사이에는 휴식을 취해야 하는데, 정시간이 없다면 점심시간이라도 이용해야 한다.

회고 때 시도할 행동에 대한 계획을 끝내든지, 다음 이터레이션을 계획할 때 함께 하든지 간에 팀원들에게 각각 작업을 할당하는 걸 잊지 말자. 예컨대, 팀원 스스로 맡을 작업을 정해 이름을 적도록 요청하는 식의 방법이 있겠다. 그렇게 하지 않으면 사람들은 '팀'이 알아서 수행할 것이라고 생각해 버린다. 그리고 결국 아무도 하지 않게 되는 것이다.

---

8 (옮긴이) XP에서 고객의 요구사항을 수집하는 방식이다.
9 (옮긴이) 스크럼에서 고객의 요구사항을 수집하는 방식이다.

1.5 회고 끝내기

모든 일에는 끝이 있다. 회고도 예외는 아니다. 단호하게 끝내야 한다. 사람들이 정력을 낭비하게 내버려 두지 마라. 이 단계에서는 다음 회고를 대비해 이번 회고에서 쌓았던 경험과 다음 회고에서 진행할 계획을 어떻게 문서화할 것인지 결정한다.

뿐만 아니라 팀원들이 회고에서 배운 것을 잊어버리지 않아야 함을 명심하자. 새로 배운 실천 과제들을 포스터나 큰 차트에 그려 상황을 항상 알 수 있도록 하자. 디지털 카메라를 사용하거나 화이트보드의 내용을 출력해 눈에 보이는 결과물로 만든다. 학습은 팀과 팀원들이 서로 어울려 하는 활동이다. 감독관이나, 팀 리더, 아니면 여러분 같은 회고 진행자가 학습하는 것이 아니다. 그러므로 팀이 자료들을 소유해야 할 것이다.

회고를 끝낼 때는, 팀원들에게 한 이터레이션 동안 작업한 노고와 회고를 하면서 들인 수고에 대해 감사를 표한다.

끝내기 전에 몇 분 동안 회고에 대한 회고를 한다. 어떤 점이 잘 되었고,

다음 회고 때는 어떤 점을 다르게 해볼 수 있을지 알아본다. '조사하고 적용하기'를 회고에도 적용하자.

*

사전 준비하기, 자료 모으기, 통찰 이끌어내기, 무엇을 할지 결정하기, 회고 끝내기로 구성된 이 구조를 이용하면 팀에 다음과 같은 도움을 줄 수 있다.

- 서로 다른 관점을 이해한다.
- 자연스러운 사고 과정을 따른다.
- 팀의 현재 방법론과 실천법의 의도를 이해한다.
- 회의를 통해 미리 생각해 둔 결론이 아니라 의미 있는 결론을 도출할 수 있다.
- 다음 이터레이션 때 시도해 볼 활동과 실험을 확실히 정하고 회고를 마친다.

이 구조를 이용하면, 팀은 더 검증된 과정으로 조사한 뒤 적용할 수 있다. 다음 장에서는 팀에 보탬이 되는 회고를 하려면 이 구조를 어떻게 사용해야 할지 단계별로 분석해 볼 것이다.

02 팀에 맞춰 회고 도입하기

A g i l e
Retrospectives
Making Good Teams Great

우리가 처음 회고를 진행했을 때에는 외부에서 온 퍼실리테이터가 프로젝트 스폰서(sponsor) 혹은 관리자와 프로젝트 마지막에 가서야 그 프로젝트의 목표와 접근 방법에 대해 상의했다. 그럼으로써 발견한 개선점을 현 프로젝트에는 적용할 수 없었다. 그러나 여러분이 주기적인(iterative) 개발을 하는 팀의 코치 혹은 리더라면, 이터레이션이 끝날 때마다 회고를 열어 그들과 이야기할 것이다. 물론 경우에 따라 팀원들과 번갈아가며 진행자 역할을 맡을 수도 있다. 어떠한 경우라 해도 회고를 준비하고 진행한다면 목표, 업무 계획, 이번 회기(session)의 흐름에 관한 많은 결정을 내리게 될 것이다. 하지만 결정을 내리기에 앞서 이에 대한 많은 연구부터 시작해야 한다.

2.1 역사와 환경을 익히기

만약 자신이 속한 팀에서 회고를 진행하고 있다면 이미 팀의 역사와 상황 (context)에 대해 잘 알고 있을 것이다. 그래도 다시 한 번 조사해 보자. 팀의 역사와 정신 그리고 프로젝트의 현재 상태에 대해 여러분이 가정하고 있는 것들이 맞는지 점검한다.

만약 자신이 속하지 않은 팀의 회고를 진행한다면, 팀이 어떤 상황에 처해 있는지 연구하고 작업 환경을 둘러봐야 한다. 낙서, 화이트보드에 적힌 내용 그리고 그 외 사람들이 뭔가 만들어 놓은 결과물들을 관찰한다. 사용할 수 있는 결과물과 빠진 결과물을 구분해 둔다. 팀장과 공적인 대화는 물론 사적인 대화도 나눈다. 이렇게 모은 자료들을 토대로 여러분은 팀과 작업할 때 더 적절한 목표를 설정할 수 있고, 관찰한 결과로 팀이 직면하고 있는 문제가 무엇인지, 어떤 질문을 해야 할지에 대한 단서를 얻을 수 있을 것이다.

팀원들과 대화하면서 다음과 같은 주제를 파악하자.

- 이번 이터레이션에 어떤 결과물이 나왔는가? 팀은 어떤 목표를 추구하는가? 그 결과가 기대에 미치는가? 못 미치는가?
- 팀이 속한 조직의 다른 곳에서 벌어지는 일이 회고 진행에 어떤 영향을 미치는가? 예를 들어 구조조정을 한다는 소문이 있는가? 최근에 합병이 있었는가? 취소된 프로젝트는?
- 이전에 프로젝트 평가는 어떻게 진행되어 왔는가? 어떤 일이 일어났고, 그 후 어떤 조치가 취해졌는가?
- 팀원 간의 관계는 어떠한가, 서로 어느 정도 의존하는가? 사적인 관계나 공적인 관계는 어떻게 되는가?
- 팀원들이 무엇을 느끼고 있는가? 그들의 걱정거리는 무엇인가? 그리고 무엇에 열광하는가?
- 어떤 결과가 있어야 회고 스폰서와 팀에게 모두 시간을 투자한 만큼의

가치를 줄 수 있나?

- 이전의 진행자와 어떤 식으로 일을 했는가?

이러한 질문으로 수집한 정보를 활용하면 회고의 목표를 가능한 한 명확하게 수립할 수 있다. 또한 팀의 역학(dynamics)을 이해하거나, 모르는 사람들과 관계를 맺을 때에도 유용할 것이다.

2.2 회고 목표 세우기

목표를 잘 세우면 투자한 시간만큼 얻는 가치가 무엇인지 알 수 있다.

애초에 목표를 잘 세우면 회고가 끝나고 수행할 행동이나 방향을 애써 가늠해 보지 않아도 팀원들은 회고에 시간을 투자할 만하다고 느끼게 된다. 그렇지 않고 제한적인 목표를 세우면 시야도 좁아지게 마련이다. 그러니 팀원들이 중요한 통찰을 발견하고 자신의 경험에 대해 창의적으로 생각할 수 있도록, 여러 가능성을 열어 두는 넓은 범위의 목표를 정하는 것이 좋다. 일반적인 목표와 달리 반드시 피해야 할 것이 있는데, 바로 구체적으로 측정할 수 있는 결과를 목표로 정의하는 것이다. "실적 평가를 없애고자 인사관리 부서를 설득할 방법을 결정한다."는 식으로 목표를 정하면 실제 행동에 대한 다른 가능성이나 팀이 직면한 다른 커다란 문제들을 고려하지 못한다.

반면 범위는 넓지만 적당하지 않은 목표들도 있다. "잘못된 문제를 테스트를 통해 파악하자." 이런 목표는 팀을 엉뚱한 방향으로 향하게 만들거나 팀원들끼리 서로 비난할 실마리를 제공할 뿐이다.

다음은 회고에서 사용할 만한 유용한 목표들이다.

- 우리의 실천법들을 개선할 방법을 찾는다.
- 우리가 무엇을 잘했는지 알아낸다.
- 주어진 목표 뒤에 숨은 원인을 이해한다.

- 고객에 대한 반응(responsiveness)을 개선한다.
- 불편해진 관계를 개선한다.

여기 나열한 것들은 단순히 예시일 뿐이다. 여러분의 상황을 고려해, 팀 원과 함께 팀에 도움이 될 목표는 무엇일지 알아보자.

예를 들어 '끊임없는 프로세스 개선'은 두세 이터레이션 동안만 효과를 발휘하고, 그 기간이 지나면 식상해질 수 있다. 그럴 때는 다른 목표로 바꾸는 것이 좋다. 상황을 잘 살펴보고 팀에 새로운 목표를 제시해 보자. 만약 팀이 목표를 마음에 들어 하지 않는다면, 팀 스스로 새로운 목표를 제시하도록 요청한다.

2.3 시간 정하기

회고는 얼마나 오랫동안 진행되어야 할까?

이는 상황에 따라 다르다.

15분이면 충분할 때도 있고, 아닐 때도 있다. 특별한 공식이 존재하지 않는다. 회고의 길이는 다음 네 가지 요소로 결정된다.

- 이터레이션의 길이
- 복잡성(기술, 타부서와의 관계, 팀의 구성)
- 팀의 크기
- 충돌과 논쟁의 수준

먼저 이터레이션 길이를 살펴보자. 만일 한 주짜리 이터레이션이라면 한 시간짜리 회고가 적당하다. 30일짜리 이터레이션에는 회고로 반나절 정도면 충분할 것이다. 시간이 없다고 회고 시간을 줄이면 신뢰할 수 없는 결과가 나온다(릴리스와 프로젝트 후반에 하는 회고는 오래 걸린다. 최소 하루에서 나흘까지 가는 경우도 있다).

회고를 준비하는 시간은 얼마나 걸릴까?

여러분은 회고를 통해 단순히 '무엇을 잘했지?', '어떤 걸 다르게 해볼 수 있을까'를 물어보는 것 이상의 가치를 얻고자 한다. 게다가 처음 시도한다면 준비하는 시간도 오래 걸릴 것이다.

시간은 얼마나 걸릴까? 처음에는 계획한 회고만큼 준비 시간도 똑같이 걸릴 것이다. 목표를 설정하고, 방법들을 결정하고, 회고에서 수행할 활동을 선택한다. 거기다 회고 진행을 연습하는 시간도 필요하다. 결과적으로, 한 시간짜리 회고를 계획하고 있다면, 준비하는 데도 한 시간이 걸린다.

회고를 거듭할수록 준비하는 시간이 점점 줄겠지만, 결코 0이 되지는 않을 것이다. 0이라 함은 회고 진행에 대해 아무 생각도 하지 않는 상태를 의미한다. 하지만 회고 진행을 충분히 연습하고 여러분에게 익숙한 활동 위주로 꾸려나간다면, 준비를 빨리 마칠 수는 있다.

마찬가지로 릴리스한 다음이나 프로젝트 마지막에 하는 하루짜리 회고도 처음 준비한다면 상당한 시간을 투자해야 한다. 당연한 이야기다. 만약 다섯 내지 스무 명 정도 되는 사람들에게 하루 종일 함께 학습하는 시간을 보내자고 제안한다고 하자. 여러분은 사람들이 원했던 결과를 얻을 수 있도록 회의를 확실하게 준비하고 싶을 것이다.

두 번째로, 복잡성은 기술적인 환경이나 사람 사이의 관계에 대한 것일 수 있다. 이에 대해 많은 논의가 필요하다면 시간을 추가하는 편이 옳다.

세 번째로, 사람이 많아져도 시간을 추가해야 한다. 한 방에 인원수가 15명 이상일 때는 모든 일에 시간이 많이 걸리게 된다.

마지막으로, 실패한 프로젝트나 사내정치에 시달리는 프로젝트는 팀 내외부에서 논쟁이 일어나게 마련이다. 팀원들이 기분을 풀 수 있도록 시간을 좀 더 추가한다.

물론 팀원들이 의미 있는 개선안을 내놓고 계획을 완성했다면, 예정된 시간보다 먼저 끝났더라도, 언제든지 회고를 일찍 앞당겨 끝낼 수 있다.

2.4 회고 구조 짜기

1장「팀이 조사하고 적용하게 하기」(27쪽)에서 회고의 구조를 '사전 준비하기', '자료 모으기', '통찰 이끌어내기', '무엇을 할지 결정하기', '회고 마무리하기'로 설계하였다. 이 구조를 따르면 모든 팀원의 관점을 알아보고 자연스러운 과정으로 정보가 처리되도록 진행할 수 있다. 그리고 모두 결정된 행동을 수행하는 단계로 이동하게 된다.

여러분은 앞 절에서 회고의 목적을 달성하려면 얼마나 많은 시간이 필요한지 살펴보았다. 이제 이 시간 동안 무엇을 할 것인가?

두 시간짜리 회고를 어떤 식으로 진행하는지 알아보자.

사전 준비를 한다.	5%	6분
자료를 모은다.	30-50%	40분
통찰을 이끌어낸다.	20-30%	25분
무엇을 할지 결정한다.	15-20%	20분
회고를 끝낸다.	10%	12분
여유 시간	10-15%	17분
총	100%	120분

모든 단계를 수행하려면 시간이 필요하다. 거기에 사람들이 하나의 활동에서 다른 활동으로 넘어가면서 걸리는 시간도 있기 때문에 여유 시간을 두어야 한다.

이터레이션 회고의 경우, 거의 팀의 작업 공간에서 진행하게 된다. 그럴 때는 사람들이 작업한 내용이 모두 그 공간에 있는데다 늘 작업했던 공간이

쉬는 시간

사람들의 활력이 떨어진다고 생각되거나, 누군가 좀 쉬었다 하자고 요구하면 잠시 쉬는 시간을 갖자. 회고가 두 시간 이상이라면 계획할 때 쉬는 시간을 포함시킨다. 대략 90분에 (최소)10분 정도 쉰다.

므로 팀원들이 평소 일할 때와 비슷한 기분으로 임할 수 있다는 장점이 있다. 그러므로 가능하다면 팀 작업 공간에서 회고를 진행하는 것이 좋다.

혹 비정상적인 이터레이션 종료, 이터레이션 목표의 상실, 팀 내에 일어나는 비생산적인 갈등으로 인해, 뭔가 새로운 기분 전환이 필요하다고 생각한다면 회고를 진행하는 공간을 바꿔 보자. 흔한 경우는 아니지만(그렇지 않기를 바란다.) 다른 환경으로 이동함으로써 상징적으로 상황이 명확해지기도 한다. 또한, 공간을 바꾸는 것은 회고가 정체 상태에 있을 때도 도움이 된다. 우리 중 대부분은 익숙한 길을 걸어가거나 운전할 때 아무런 생각 없이 움직여도 어느새 목적지에 도착했던 경험이 있을 것이다. 팀이 항상 같은 공간에 있다면 이와 같은 현상이 일어날 수 있다. 이때 다른 공간으로 바꾸면 사람들은 다른 것들을 알아차릴 수 있게 된다.

공간은 팀원들을 여유 있게 수용할 수 있을 만한 넓은 공간으로 찾아야 한다. 공간의 크기를 판단하는 방법으로는 수용 가능 인원(occupancy rating)을 살펴보는 것이 있다. 회사 건물(혹은 호텔 모임 시설) 내에 회의실은 대부분 수용 가능 인원수가 있다. 관리 직원에게 문의하여 참석하리라 예상되는 인원의 서너 배 정도를 수용 가능 인원으로 잡고 걸맞은 공간을 선택한다(이 비율은 미국의 경우에 해당됨을 명심하자. 수용 가능 인원은 나라마다 다를 수 있기 때문이다). 또한 사람들이 편하게 이동할 수 있도록 여유 공간도 필요할 것이다. 사람들은 회고 시간 내내 줄지어 앉아 있고 싶지는 않을 테니 말이다(우리 역시 사람들이 그렇게 앉아 있기를 바라지 않는다).

서로 바라볼 수 있게끔 의자를 원이나 반원 형태로 배치하면 사람들이 더 쉽게 참여할 수 있다. 교실이나 영화관 같은 자리 배치는 참여를 어렵게 만든다. 다른 사람 뒤통수를 바라보는 것은 대화에 전혀 도움이 되지 않는다. 탁자는 심리적인 걸림돌이 될 수 있는 물리적 장애물이다. 중앙에 옮길 수 없도록 고정된 회의용 탁자가 놓여 있다면 그 공간은 피하는 편이 좋다. 또한, 큰 사무용 탁자가 있다면 창조적인 협동을 할 수 없다. 회고는 중역 회의가 아니다.

가운데가 파인 U자 모양의 탁자도 마찬가지다. 사람들 사이에 거리가 생기고 움직이기도 힘들어진다. 탁자가 반드시 있어야 한다면 일단 그 탁자를 옮길 수 있는지 확인하자.

무엇보다 핵심은 사람들이 떨어져 있기보다는 더 가까운 위치에 있고, 자료 차트, 플립 차트 그리고 회고 동안 게시할 다른 정보들을 보기 쉽게 환경을 만드는 것임을 명심하자.

이 외에도, 만약 여러분이 회고 활동을 하다가 비싼 예술 작품 위에 테이프를 붙여 놓으면 나중에 시설 관리자들이 그것을 잡아 뜯어버릴 게 분명하다. 여러분이 선택한 가구 배치에 상관없이, 시간축, 차트 그리고 플립 차트들을 붙일 만큼 넓은 빈 공간이 있는 벽이 있는지 알아보는 것도 잊지 말자. 만약 빈 벽이 있는 방을 찾지 못한다면, 플립 차트를 거는 다른 방법을 강구해야 한다. 플립 차트를 사용하는 데는 두 가지 방법이 있는데, 하나는 턴테이블을 사용하는 것이고 다른 하나는 빨랫줄을 매다는 것이다. 바닥에 종이들을 펼쳐 놓고 사람들이 그 사이를 오가며 보는 방법도 가능하다. 종이를 걸어둘 곳이 정 없다면, 창문에 붙이자(유리테이프는 나중에 떼어내기 어렵기 때문에 사용하지 않는 게 좋다).

이동할 수 있는 화이트보드는 소량의 정보를 기록하는 최고의 도구다. 그러나 내용이 꽉 차면 지울 수밖에 없다는 단점이 있다. 일시적인 정보를 적을 때야 괜찮지만, 팀이 회고하는 도중에 다시 떠올려야 하는 정보라면, 플립 차트를 사용하자.

한 회고 진행자가 자신이 속한 팀과 함께 진행할 회고를 어떻게 구상하는지 들여다 보자. 상황은 다음과 같다. XP 실천법 가운데 몇 가지를 사용하고 있지만, 짝 프로그래밍이나 정기적인 회고는 실천하지 않는 팀이다. 이 팀은 한 이터레이션이 2주이고 현재 여섯 번째 이터레이션 중이다. 이번 이터레이션 목표를 달성하려면 초과 근무를 해야 하지만, 그러면 꾸준하고 일정한 속도로 작업을 하자는 약속을 어기게 된다. 게다가 빌드 시스템은 두 번째 이터레이션 때부터 제대로 동작하지 않았다.

이런 상황에서 한 팀원이 그동안 있었던 일들을 분석하고 다음 이터레이션 때 변화를 주자고 제안하자 팀원들이 모두 동의했다. 팀은 회고를 열어 이터레이션 동안 겪었던 안 좋았던 일이나 실수들에서 교훈을 얻기로 했다.

결정 사항 - 목표가 무엇인가?

이전 이터레이션에서 일어났던 좋지 않은 일에서 교훈을 얻고, 문제점들의 근본 원인을 파악한다.

결정 사항 - 누가 참석할 것인가?

팀.

결정 사항 - 얼마 동안 진행할 것인가?

두 시간 반. 사람들이 이러한 방식의 회의에 익숙하지 않기 때문에 첫 회고는 조금 더 오래 걸릴 것이다. 지난 12주 동안 일어났던 일들에 대해서 회고를 하고, 특히 최근 두 번의 이터레이션을 면밀히 살펴볼 예정이다.

결정 사항 - 회고를 어디서 할 것인가?

20명 정도가 편하게 있을 만한 회의실. 사람들은 수시로 작은 그룹을 만들어야 하기 때문에 여유 공간이 있어야 한다.

결정 사항 - 회고 공간을 어떻게 준비할 것인가?

탁자를 방의 벽면으로 옮긴다. 긴 벽면을 향해 반원을 그려 앉아서 시작한다. 그러고 나서 방의 구석으로 이동해 작게 그룹지어 작업할 것이다. 팀원들이 회의용 탁자 주변에 둘러앉지 않도록 할 생각이다. 회고를 시작할 때 반원을 그려 앉으면 사람들은 서로 볼 수 있다. 회고를 진행하다가 사람들이 이동해야 할 경우를 고려하여 자리 배치의 변화와 필요한 공간을 염두에 두자.

이제 여러분은 다음 질문에 답변해야 한다.

- 회고를 진행하는 주위 환경은 어떠한가?
- 회고의 목적은 무엇인가?
- 회고를 진행하는 시간은 얼마나 걸리는가?
- 어디서 회고를 진행할 것인가?
- 회고의 기본 구조가 무엇인가?

2.5 활동 고르기

여러분이 회고의 골자인 목표, 기간, 참가자, 공간과 자리의 배치들을 정했다면, 이제 어떤 활동(activity)을 할지 생각해 볼 차례다. 활동은 시간이 정해진 진행 과정으로, 사람들은 다양한 활동을 수행하며 회고의 각 단계를 매끄럽게 이동한다. 활동이 제공하는 구조를 사용하면 팀은 생각을 공유할 수 있고, 자유분방하게 논의할 때에 비해 더 많은 장점을 얻게 될 것이다.

활동은 다음과 같은 장점이 있다.

동등한 참여를 독려한다. 다섯 명을 넘어서면 모든 이가 대화에 참여하기는 힘들다. 활동을 통해 더 작은 그룹 단위로 작업할 수 있고, 그럼으로써 더 잘 이야기하게 되고 잘 듣게 된다.

대화에 집중한다. 활동에는 대화의 틀을 제공한다는 특별한 목표가 있다. 이런 목표가 이야기를 삼천포로 빠지지 않게 해준다(그러나 완벽히 막지는 못한다).

새로운 관점을 장려한다. 활동을 하면서 사람들은 일상적인 생각을 벗어나 새로운 생각을 할 수 있다. 활동은 정교할 필요도 없고, 효율성을 추구하고자 복잡해질 필요도 없다. 회고에서 유용하게 사용하는 활동으로는 브레인스토밍(Brainstorming), 점 투표(Voting with Dots), 체크인(Check-Ins), 짝 인터뷰(Pair Interviews) 등이 있다.

이러한 활동 가운데 회고의 목적을 이룰 수 있는 것으로 선택한다. 목적한 작업과 연관성을 설명할 수 없는 활동이라면 제외하자. 게임이나 시뮬레이션을 쓰는 것도 좋은 방법이 될 수 있다. 사실 우리도 게임이나 시뮬레이션이 회고의 목적에 부합되거나 진행에 도움이 될 때는 자주 사용한다. 실제 작업과 연관이 없는 활동은 회고에도 맞지 않다. 시간은 정해져 있다. 단순히 재미를 추구하는 활동으로 시간낭비하지 말자. 물론 회고를 재미있게 진행해야 하지만 마땅한 목적이 있어야 한다.

동기 부여와 학습 분야의 전문가인 J. M. 켈러는 교육 계획을 평가하는 기준을 세웠다. 그 기준은 주의력(Attention), 관련성(Relevance), 신뢰도/적합성(Confidence/Competence), 만족도(Satisfaction)이고, 줄여서 ARCS라고 한다[kel87]. 여러분은 교육 자료를 개발하지는 않지만, 학습을 하는 환경을 만드는 일을 하기 때문에 같은 기준을 적용할 수 있을 것이다. 회고를 진행하기 전에 팀원들을 인터뷰하면, 여러분은 팀이 당면한 문제를 해결할 실마리를 얻을 수도 있다.

사람들이 집중력을 잃어 다른 길로 새지 않도록 도와 주고(주의력), 목표
와 관계된(관련성) 활동을 고르자. 사람들이 성공적으로 달성할 수 있는 활
동(신뢰도/적합성)을 선택하자. 사람들이 스스로 바보 같다고 여기거나, 자
신에게 맞지 않으며 속았다고 생각할 활동은 제외시키자. 사람들은 자신이
속았다는 생각이 들면 화를 내고, 바보 같이 행동했다고 생각하면 스스로
방어하게 된다. 여러분이 회고를 통해 얻고자 하는 바는 이런 것이 아니다.
마지막으로 활동이 전체 구조에 잘 맞는지 확인해서, 사람들이 회고로 보낸
시간을 값지게 느낄 수 있을 만한 활동으로 고른다(만족도).

다채로운 활동을 수행하면 팀이 집중력을 유지하는 데 도움이 된다. 전체
그룹 혹은 작은 그룹에 속한 사람과 짝을 지어 수행하는 활동도 고려하자. 오
랫동안 사용한 활동은 사람들이 흥미를 느끼는 새로운 활동으로 교체한다.

계속 한 활동만 반복하면 열정이 식게 된다. 여러분이 지루하다고 느끼는
활동은 팀원들도 마찬가지로 지루하게 생각한다. 그럴 땐 팀원들이 계속 흥
미를 느낄 만한 새로운 활동을 찾아보자. 재미가 있으면 습관적으로 생각해
버리는 경우도 줄어든다. 여러분도 사람들이 창의적으로 생각하길 원할 것이
다. 만일 여러분이 회고를 어느 정도 진행해 봤다 싶으면, 스스로 활동을 만들
어 사용해도 좋다. 아이디어를 만들어 내거나, 문제점을 분석하고 또는 참신
한 해결법을 탐색하는 활동들을 직접 만들어 회고에 적용할 수 있다. 그동안
우리는 회고의 단계마다 알맞은 활동들을 추가했다(이후 나올 「활동」참고).

tip | **대체물 준비하기**

단계별로 활동을 두 개씩 준비한다. 수행 시간이 긴 활동과 짧은 활동으로 구성한다.
시간이 촉박하면 긴 활동을 짧은 활동으로 대체한다.

이제 각 단계에 맞는 활동을 어떻게 선택할지 알아보자. 목표를 달성하기 위해 초과 근무를 해왔지만, 빌드 시스템이 망가져버린 한 XP 팀의 상황을 예로 들겠다(앞으로 나올 각 활동의 자세한 내용은 이후 「활동」에서 다룬다).

사전 준비 단계

활동 - 집중할 것/집중하지 말 것

이유 - 회고에서 체크인(목표와 일정, 작업 규칙을 점검)을 거친 후 시행한다. 이 활동으로 비난할 대상을 찾기보다 문제의 근본 원인을 알아볼 마음가짐을 갖출 수 있다. 이를 위해 우리는 열린 토론을 조성하려 한다.

자료 모으기 단계

활동 - 색 스티커를 사용한 시간축

이유 - 이 팀의 경우, 꽤나 오랜 기간 동안 작업을 진행해 왔기 때문에 작업 초반에 대한 기억이 미약할 수 있다. 시간축은 팀이 지난 이터레이션에서 일어났던 일들을 기억해내는 데 유용하다. 이를 통해 사람들은 각 사건 사이의 연관성을 찾게 된다. 색을 사용하면 사실과 감정을 구별해서 볼 수 있고 시간을 더욱 효과적으로 이용할 수 있을 것이다.

통찰 이끌어내기 단계

활동 - 패턴과 변화

이유 - 그룹이 현재 문제에 원인이 되는 의미 있는 사건과 패턴을 인지하고 그에 걸맞는 이름을 붙여 그룹이 더 명확하게 인식할 수 있도록 한다.

활동 - 생선가시

이유 - 패턴을 찾은 후 근본 원인을 알아낼 필요가 있다. 우리는 이 활동을 통해 드러나 있는 문제 뒤에 숨어 있는 중요한 사건과 요소들을 분석할 것이다.

활동 - 종합하여 발표하기

이유 - 그동안 그룹을 나눠 논의한 내용들을 공유하고, 일관되게 발생하는 문제의 원인을 찾는다.

무엇을 할지 결정하기 단계

활동 - 점 투표로 우선순위 매기기

이유 - 투표를 시행하여 사람들에게 가장 많은 표를 받은 근본 원인을 두세 개 정도 찾아 다음 이터레이션에서 조치를 취해야 한다. 너무 많은 양의 변화를 한꺼번에 감당하지 못하기 때문에 가장 큰 가치를 얻을 수 있는 소수만을 선택해 작업한다.

다음 순서는 팀이 적용할 가장 중요한 변화가 무엇인지에 따라 달라진다.

선택 활동 1 - 스토리카드[2]를 작성하기(회고 계획 게임에서).

이유 - 우리는 스토리카드 항목들을 다음 이터레이션 계획 회의 때 다룰 수도 있고, 현재 남은 이터레이션에 통합할 수도 있다.

선택 활동 2 - 작업 규칙 추가하기.

이유 - 팀에게는 늘 지금보다 적절한 작업 규칙이 필요하기 마련이다(이미 팀의 작업 규칙 중 지켜지지 않는 내용이 존재하기 때문이다). 우리는 회고를 통해 즉시 적절한 작업 규칙을 추가할 수도 있다.

선택 활동 3 - 제안서 쓰기

이유 - 팀 내에서 기본적인 문제들을 해결할 수 없다면, 어째서 해당 문제를

---

2 (옮긴이) XP에서 사용하는 사용자 스토리를 기록하는 인덱스카드다.

수정하는 것이 중요한지 관리자를 설득할 전략을 세울 필요가 있다.

회고 마무리하기 단계

활동 - +/델타

이유 - 회고 자체를 개선한다.

활동 - 감사를 표현하기

이유 - 서로 수고했다고 감사를 표현하자. 험난한 이터레이션과 회고에
참여하느라 수고한 사람들에게 원기를 돋워 주어야 한다. 팀원들
의 힘든 노고에 감사를 표현하는 것을 잊지 말자.

다음 그림 2.1은 회의 때 사용하는 회고 진행자의 노트다. 그림 2.2는 회고
의 의제 전단의 한 예다.

*

이렇게 그려본 회고의 총 과정을 여러분의 회고라고 가정해 보자.

여러분은 회고의 목적이 무엇인지, 진행 시간이 얼마나 걸릴지, 어디서 회
고를 하며, 누가 참여할 것인지 그리고 사람들이 함께 문제에 대해 생각하
고 해결할 수 있도록 어떤 활동을 수행할 것인지에 대해 알아보았다.

이제 남은 일은 일어나서 그룹을 이끌고 회고를 진행하는 것이다.

그림 2.1 회고 진행자의 노트.

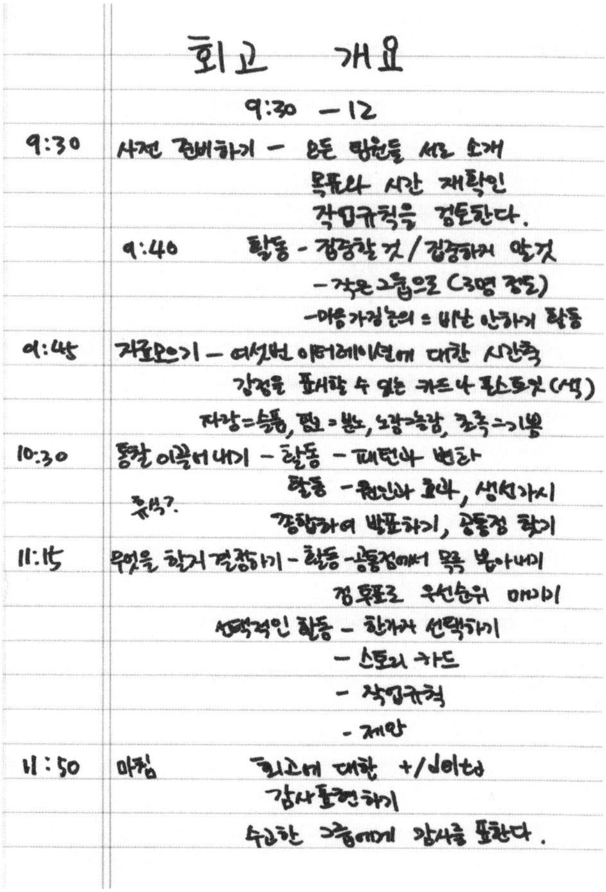

그림 2.1 회고 의제. 항목들은 회고의 다섯 단계를 모두 포함한다.

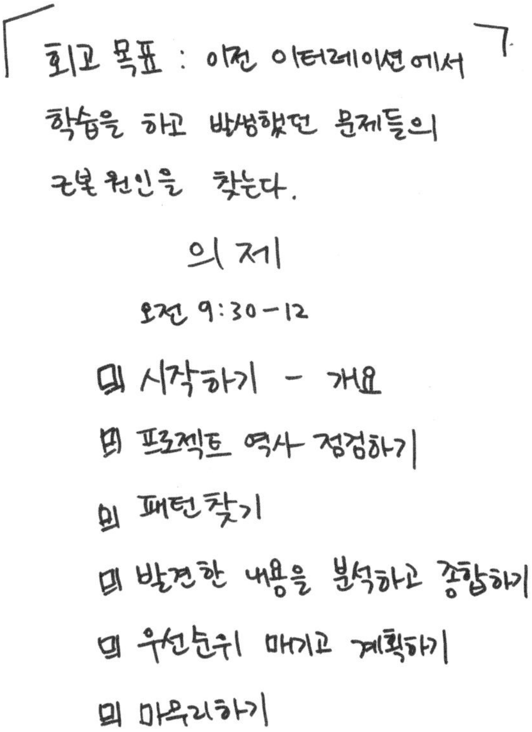

회고 목표 : 이전 이터레이션에서
학습을 하고 발생했던 문제들의
근본 원인을 찾는다.

의 제

오전 9:30 - 12

☑ 시작하기 - 개요

☑ 프로젝트 역사 점검하기

☑ 패턴 찾기

☑ 발견한 내용을 분석하고 종합하기

☑ 우선순위 매기고 계획하기

☑ 마무리하기

03 회고 진행하기

Agile
Retrospectives
Making Good Teams Great

이번 장에서는 회고 진행자의 역할과 기술을 살필 것이다. 이터레이션 회고를 진행하기 위해 전문적인 퍼실리테이터(facilitator)가 될 필요는 없지만 원활하게 진행하기 위한 기본적인 기술은 익혀야 한다. 그러기 위해서는 자신의 역할을 이해하고, 실습해 본 후, 피드백을 받아야 한다.

회고 진행자인 여러분이 가장 큰 책임을 느껴야 할 부분은 내용이 아니라 프로세스다. 프로세스라고 해서 뭔가 어려운 방법론을 이야기하는 것은 아니다. 여기서 말하는 프로세스는 수행할 활동을 꾸리고 집단역학(group dynamics)과 시간을 관리하는 것을 의미한다. 회고 진행자는 회고의 프로세스와 구조를 신경 써야 한다. 그럼으로써 그룹의 요구와 변화에 주의를 기울이고 그룹이 목적을 이룰 수 있도록 돕는다. 그리고 회고 진행자인 여러분에게 아무리 강력한 의견이 있더라도 토론 중에는 중립을 지켜야 한다.

여러분의 팀과 연관 있는 내용을 다룰 때는 논의에 말려들기 쉽다. 대화에 참여하고자 하는 유혹에 휩싸일 것이다. 특히 여러분이 평소 신경 쓰고 있던 주제라면 이러한 유혹은 더 강할 것이다. 하지만 일단 내용에 참여하기 시작하면, 더는 프로세스에 온전히 신경 쓰기 힘들어진다. 그러니 여러분의 생각이 정말 필요할지 시간을 두고 결정하자. 대부분의 경우 팀원들은 여러분이 개입하지 않아도 알아서 일을 잘 진행한다. 진행자가 너무 자주 내용에 끼어들면, 그룹 토론을 망칠 위험이 크다.

여러분과는 반대로 참여자들은 내용, 토론, 반대, 결정하는 데에 집중한다. 참여자들은 목표를 향해 가면서 자신들의 생각과 감정, 반응을 조정하고, 그럼으로써 대화와 결과물에 긍정적인 영향을 끼친다.

tip
> ### 전문적인 내용을 알려주어야 할 때
>
> 그룹 내에서 아무도 모르는 전문적인 내용을 여러분이 알고 있을 수 있다. 그렇다면, 팀원들에게 양해를 구한 후 잠시 회고 진행자 역할에서 벗어나 토론에 참여한다. 마커는 다른 팀원에게 넘겨 주자. 이는 토론에 참여하는 동안에는 여러분이 더는 진행자가 아님을 상징적으로 보여 주기 위해서다. 다시 회고 진행자 역할로 돌아올 때 마커를 돌려받는다.

3.1 활동 관리하기

모든 회고를 계획할 때는, '작업 규칙 만들기', '시간축 만들기', '브레인스토밍', '우선순위 정하기' 같이 팀원들이 함께 생각할 수 있는 활동들을 포함해야 한다. 여러분은 이러한 활동을 팀에 소개하고, 진행되는 과정을 지켜보며, 활동이 끝난 후에는 결과를 공유시킨다.

사람들은 대부분 활동을 시작하기 전에 먼저 그 목적부터 알고 싶어한다.

tip

활동 소개하기

처음 소개하는 활동이라면 스크립트를 작성해서 할 말을 잊거나, 내용을 빼먹거나, 의미를 잘못 전달하는 경우가 없도록 준비한다.

일단 스크립트를 작성하면 큰 소리로 읽으며 연습한다. 단어를 입 밖으로 소리 내어 말하는 것과 단순히 눈으로 읽거나 머리로 생각하는 것은 다르다. 자신이 설명하는 내용을 직접 읽고 들으면, 어디서 더듬거리고 어느 대목에서 따라가기 힘든지 알 수 있다. 그러한 부분을 발견하면 스크립트 내용을 보강하고 다시 연습한다.

정작 실전에서는 스크립트대로 따르지 않을 수도 있다. 하지만 준비와 연습 과정을 충분히 거쳤기 때문에 사람들에게 활동을 정확하고 확실하게 설명할 수 있을 것이다.

팀에게 앞으로 탐험할 분야를 대략적으로 설명해 주자. 다만 일어날 일이나 팀이 학습할 부분에 대해서 구체적으로는 밝히지 않는다.

다음은 릴리스 기간의 시간축을 다시 만드는 활동을 소개하는 내용이다.

"이터레이션 동안 일어났던 일들을 이해하려면 모든 사람의 관점에서 전체적인 이야기를 들어야 합니다. 프로젝트 기간 동안 무슨 일이 일어났었는지 시간축을 그려 보겠습니다. 지금 상황에서 그릴 수 있는 한 자세히 시간축을 만들고, 모두 함께 보면서 재미있는 패턴이 있나 찾아보죠. 의문점들이 있으면 더 자세히 알아보도록 하겠습니다."

이 이야기를 찬찬히 뜯어 보자. '이터레이션 동안 일어났던 일들을 이해한다'는 건 문제 영역을 사람들에게 알림을 뜻한다. 진행 순서는 '시간축을 만들고', '재미있는 패턴을 찾아보고', '의문점이 있으면 더 자세히 알아본다.'로 정했다. 정확하게 무엇이 도출될지는 이야기하고 있지 않다. 무엇이 도출될지는 팀원들의 몫이다.

여러 단계로 구성되는 활동에서는 많은 사람이(실제로 똑똑한 사람들일지라도) 자세한 지시 사항을 한꺼번에 이해하지는 못한다. 단계마다 자세한 지시 사항을 나누어 알려 주자. 시간축에서 첫 번째 단계는 다음처럼 설명할 수 있다. "둘 셋씩 짝지어 그룹을 만드세요. 그리고 그룹끼리 릴리스 기간에 일어났던 모든 사건에 대해 브레인스토밍을 하세요. 반드시 앞서는 프로젝트 중간 목표급만 사건으로 취급할 필요는 없습니다. 프로젝트 동안 일어났던 일이라면 무엇이든 좋습니다." 이렇게 지시 사항을 전달한 다음, 속으로 열까지 세면서 잠시 기다리자. 누군가 질문이 있을 수 있다.

활동을 시작하면 회고 진행자는 두 가지 업무를 수행해야 한다. 하나는 활동에 대한 사람들의 질의응답에 대비하는 일이고, 다른 하나는 회고 공간에서 사람들이 수행하는 과정을 모니터하는 것이다.

또한 그룹이 활동을 진행하고 있는 동안 소음 정도에도 귀를 기울이자. 대화를 많이 하고 있다면 이는 활동이 활발히 진행되고 있다는 신호다. 말이 별로 필요 없는 활동에서 소음이 높아지는 건 활동을 마쳤다는 신호이기도 하고, 토론을 하는 활동에서 소음이 높아지면 더 많은 시간이 필요하다는 신호일 수 있다. 손으로 적거나 각자 따로 작업하는 활동에서 사람들이 웅성거리기 시작하면 작업이 끝나 옆 사람과 떠들기 시작했다는 뜻이 될 수 있다. 또한, 토론 활동에서 시간이 끝났음에도 활발한 대화가 계속된다면 시간이 더 필요한지 물어봐야 한다. 물론 토론하는 활동에서 대화가 활발히 이루어지고 있더라도 그 내용이 작업에 대한 것이 아니라 최신 영화에 대한 이야기일 수 있다.

활동이 끝날 때마다 결과를 공유하는 시간을 마련한다. 공유를 통해 팀원들은 진행한 결과를 알아보고 통찰을 얻을 수 있다. 그로인해 의식의 연결을 만들고 새로운 아이디어를 생성하게 된다. 매 활동에 대한 결과를 공유할수록, 전체 회고에 대한 통찰과 결정들이 서서히 완성될 것이다.

자, 이제 공유가 중요하다는 건 알았는데, 어떻게 해야 하는 걸까?

거의 모든 활동에 적용할 수 있는 간단한 네 단계의 공유 방법에 대해 알아보자.

1. 관찰 가능한 사건이나 지각적인 정보를 물어보는 일부터 시작한다. "무엇을 보고 들었나요?"

2. 각 사건과 정보에 대한 반응을 묻는다. "무엇이 놀라웠나요? 어떠한 때 의욕이 생겼나요?"

3. 통찰에 대해 물어보고 이를 분석할 질문도 한다. 우선 "어떤 통찰을 얻었나요?"라고 물은 후, "그것이 당신이 프로젝트를 이해하는 데 어떤 사실을 알려주나요?"라고 묻는다. 이런 질문들을 통해 사람들은 자신의 아이디어를 표현할 수 있고, 수행했던 활동을 프로젝트와 연결시켜 생각하게 된다.

4. 활동과 프로젝트 사이에 연결이 생기면, 어떤 방법으로 자신들의 통찰을 적용시킬지 물어보는 것으로 학습 고리를 완성할 수 있다. "이전 방식과 다르게 적용시켜 보고 싶은 것이 하나 있다면 무엇입니까?"

자, 이 네 단계의 구조가 무언가와 비슷하다고 느꼈는가? 바로 '자료 모으기(사실과 감정)-통찰 얻기-무엇을 할지 결정하기' 라는 회고 구조를 그대로 따르고 있다.

결과를 공유하는 다양한 다른 방식들도 있다. (231쪽의 부록 B 「공유 활동」 참고). 이 내용을 참조하기를 권한다.

5분 내지 20분 정도 걸리는 활동에서는 시간의 50~100%를 공유하는 시간으로 사용한다. 예를 들어, 10분짜리 활동이라면 공유하는 시간으로 5분에서 10분 정도를 할당해야 한다.

3.2 집단역학(group dynamics)[1] 관리하기

회고에서 집단역학을 관리한다는 것은 대부분의 경우 회고에 참가하는 사람들을 관리함을 의미한다. 모든 팀원들에게 말할 기회가 고루 있는지, 주제와 상관없이 말만 많이 하는 사람은 없는지 확인한다. 다른 사람들보다 유난히 말이 많거나 혹은 유난히 말이 없는 사람이 없는지도 주의 깊게 살펴보아야 한다. 말수가 적은 팀원도 의견을 잘 이야기할 수 있도록 회고를 시작 전에 미리 모든 팀원에게 다른 사람의 이야기에 귀를 기울일 것을 당부한다. 누군가 말하려고 했는데 다른 사람이 중간에 말을 잘라버리면 여러분이 직접 무슨 말을 하려고 했는지 물어본다. 사람들에게 부담을 주지 않으면서 말할 기회를 주자.

조용히 앉아 있는 사람에게서 대화를 끄집어내려면 다음과 같이 말한다. "레이와 벤카의 의견은 아직 못 들어봤는데, 혹시 추가하실 얘기가 있나요?" 없다면 그냥 통과해도 좋다.

누군가 계속해서 혼자만 이야기한다면 직접(개인적으로) 당부한다. 그래도 그런 행동을 반복하면 회고가 시작하기 전에 그 사람을 따로 불러, 혼자만 이야기를 하면 다른 사람들이 참여하지 못한다는 점을 설명하고 조금 자제해 달라고 요청한다. 이렇게 개인적으로 당부해도 소용없다면 회고 중에 직접 말하자. 또 혼자서만 이야기하고 있다면 그에게 손을 들고 "네. 어떤 의견인지 알겠습니다. 다른 사람의 이야기도 한번 들어보도록 하죠."라고 말한다. 억양은 원만하게 유지하자. "당신 이야기는 정말 많이 들었으니까 이제는 좀 다른 사람의 이야기를 들어보죠." 같이 억양을 강조하며 상대방을 비난하는 행동은 회고에 아무런 도움이 되지 않는다.

---

1 (옮긴이) 미국의 사회심리학자 K. 레빈이 창시한 심리학의 한 영역으로 집단 생활 속에서 집단 자체와 구성원을 변화시키고 영향을 끼치는 힘에 대한 연구를 한다.

팀이 앞으로 나아가게 만드는 전략

회고를 하다 보면 팀이 더는 진행을 못하고 정체될 때가 있다. 그 때 회고 진행자인 여러분은 다음과 같은 행동들을 취할 수 있다.

다음 질문들을 통해 사람들의 창의력을 다시금 샘솟게 하자.

- 우리가 지난번에 무엇을 시도했었죠? 결과가 어땠나요? 다른 결과를 염두에 두고 있었나요?
- 앞서 시도한 방법에서 우리가 얻은 것은 무엇인가요?
- 이 문제를 다른 방식으로 해결하려고 시도해 본 적이 있나요? 결과가 어땠나요?

특히나 사람들과 이야기하기보다는 혼자 생각하는 경향의 사람들에게는 의견을 좀 더 제시해 달라고 요청할 수 있다. 결론을 내기 전에 좀 더 의견을 나눠보자고 제안할 수도 있다.

혹은 잠시 회고 진행자의 역할을 벗어나 개인적인 경험으로 얻은 지식을 제공할 명목으로 회의에 참여할 수 있다. 이때, 팀이 무엇을 해야 할지 방향을 제시해줄 수 있긴 하나, 여러분이 방향을 제시해 주면 팀은 스스로 학습하는 기회를 잃어버리게 됨을 유의하자.

관리자들이 매번 회고에 참석하는 것은 아니지만, 일단 참석하면 그들은 대화를 지배하려는 특이한 경향을 보인다. 그게 반드시 관리자만의 문제는 아니다. 관리자가 방 안에 있을 때 팀원들이 이야기하거나 의견을 내기를 주저하면, 그 어색함을 관리자가 메우려 한다. 그러므로 회고 전에 관리자들을 만나 적절한 선을 지켜 달라고 당부하자. 다른 사람들의 말을 먼저 들어보고, 다른 사람들이 기여한 바를 인정하고, 팀원들의 의견에 동의하지 않을 때는 그것을 표현하는 방법에 신경을 쓰라고 이야기한다. "저는 좀 다르게 봅니다."라는 표현을 사용하면 사람들이 계속 토론에 참여할 수 있는 반면, "당신은 틀렸어요.", "제대로 이해를 못했군요.", "내 말을 듣기는 했나요?", "전 반대입니다." 같은 표현은 다른 사람들의 참여를 막거나 혹은 논쟁을 불러일으킨다. 둘 다 바람직하지 못한 결과다.

그 예로, 이제 한 회고 진행자가 말 많은 관리자를 어떻게 다루었는지를 살펴보자. 프로젝트 관리자 라지브는 에너지가 넘치고 말이 많은 사람으로, 이번 프로젝트에 매우 흥미를 느끼고 있었다. 회고 진행자 제스는 회고를 하기 전에 그를 만나 어느 수준까지 참여할지 이야기를 나누었다. 라지브는 스스로 다른 사람이 먼저 말할 때까지 기다린다는 규칙을 잊어버릴까봐 걱정이 되었다. 그래서 제스와 라지브는 서로만 알아볼 수 있는 신호를 만들었다. 라지브가 자기 차례도 아닌데 이야기하려고 하면, 제스가 라지브 옆으로 다가와 서 있기로 한 것이다. 결국 회고에서 둘이 약속한 신호를 사용할 일은 없었다. 신호가 존재한다는 사실만으로도 라지브는 약속을 상기할 수 있었기 때문이다.

일단 참여를 유도하고 나면 또 다른 문제에 직면하게 된다. 가장 큰 문제는 사람들이 작업 규칙을 위반하는 것과 서로 비난하는 것이다. 둘 다 회고에 부정적인 영향을 미치기 때문에 그냥 지나쳐서는 안 된다.

팀원들은 언젠가는 작업 규칙을 어기게 된다. 누구나 좋은 의도를 가지고도 예전의 낡은 습관으로 다시 빠져들기 쉽기 때문이다. 작업 규칙을 어길 때 아무런 제재를 가하지 않는다면, 팀원들은 작업 규칙을 지켜도 그만 안 지켜도 그만이라고 여길 것이다. 그렇게 되면 작업 규칙은 아무 쓸모가 없어진다. 작업 규칙을 감시하는 것은 팀원 모두의 일이다.

비난은 자기 방어와 상호 비방의 악순환이 시작되는 출발점이 되어 회고를 무력화시킨다. 사람들에게서 '당신' 화법("당신이 빌드를 망가뜨렸어!")이나 나쁜 꼬리표를 붙이는 말("당신은 미숙해요!")이 나오는지 주의 깊게 들어 보자. 양쪽 다 비난이 시작된다는 신호다. 일단 비난이 시작되면 문제의 본질에 대해서는 신경을 쓰지 못하고 결국 회고를 망치고 만다.

사람들이 '나' 화법을 사용하도록 독려하자. '나' 화법을 쓰면 다른 사람에게 나쁜 꼬리표를 붙이지 않고 말하는 이의 관찰과 경험을 중심으로 이야기하기 쉬워진다. 사람들이 서로 비난하거나 개인적인 비난을 하고 있다면 이러한 화법을 이용해 중재에 나서 회고가 다시 문제의 본질에 집중할 수 있도록 해야 한다.

한 회고 진행자가 비난 문제를 어떻게 다루었는지 알아보자. 플랫폼 확장에 대한 회고를 진행하는 도중 한 팀원이 빌드를 망가뜨렸다는 이유로 다른 팀원을 비난했다. "당신만 아니었으면 우리는 목표에 도달할 수 있었어!"

"잠깐만요!" 회고 진행자는 비난을 막고 "'나'를 사용해서 이야기해 주시겠어요?"라고 요청했다. 팀원은 잠시 생각하더니, "우리는 빌드를 수정하는 데 너무 많은 문제를 겪었고 결국 목표를 이루지 못해서 제가 좀 화가 났던 것 같네요."라고 이야기했다. '나'라는 주체를 사용해 문제를 새롭게 정의함으로써 팀은 개인을 비난하지 않고 빌드에 관련된 문제의 본질을 다룰 수 있었다.

또한 여러분이 보고 들은 것을 설명해 주자. "저는 지금 상대방에게 나쁜 꼬리표를 붙이거나, '당신' 화법을 사용하는 것을 들었습니다." 이렇게 사람들의 행동을 설명하면, 사람들은 잠시 비난을 멈추고 자신이 한 행동에 대해 다시 생각하게 된다.

집단역학은 팀원들 간의 의사소통과 팀원 각자의 감정도 포함한다. 다른 사람의 감정까지 책임질 필요는 없지만, 회고 진행자로서 회의를 생산적으로 이끌 의무는 있다. 즉, 여러분이 감정적인 의사소통과 상황에 대처할 준비를 해야 한다는 뜻이다.

대부분 의사소통과 감정은 그룹이 앞으로 나아갈 수 있는 원동력이지만, 그렇지 않은 경우도 있다. 다루기 힘들기에 주의해야 할 집단역학과 의사소통이 몇 가지 있는데, 물론 운이 좋다면 회고를 진행하면서 이 모든 상황을 겪지 않을 수도 있다 ;-). 팀에 감정적인 폭발이 만연하다면 뭔가 다른 문제가 일어나고 있는 것이다. 회고가 모든 문제를 해결할 수는 없기 때문에 일상적인 팀 불화보다 더 심각한 문제가 발생하면 인력개발 부서와 접촉해 필요한 자원과 안내를 구해야 한다.

사람들은 종종 자신의 감정이 북받쳐 오르는 것을 예상치 못한 방법으로 표출한다. 사람들은 심각한 주제가 나오면 울거나, 소리를 지르거나, 날뛰거나, 미친 듯이 웃거나, 익살을 부리기도 한다.

바로 문제를 해결하려 달려들기 전에 여러분 자신의 반응에 주목해 보자. 한 사람을 만족시키려다 회고의 목표와 팀의 요구를 잃어버리기 쉽다. 회고에서 여러분에게 주어진 가장 큰 책임은 팀이 개개인이 아닌 전체의 관점에서 의사소통하게 만드는 것이다. 그렇다고 개인의 감정을 무시해도 좋다는 것은 아니다. 감정 문제를 다룰 때는 팀과 개인에게 모두 도움이 되어야 하고, 정중한 방법으로 해야 한다는 얘기다.

여러 감정적인 상황에서 우리가 사용했던 몇 가지 전략이 있는데, 여러분에게도 도움이 될 것이다. 특정한 상황에서 여러분이 어떻게 대처할지 마음속으로 미리 상상해 보면, 진짜 그런 상황이 닥쳤을 때 더 여유롭게 대처할 수 있다. 여러분이 가장 두려워하는 감정 폭발의 상황을 떠올리고, 다음에 설명할 전략 중 하나를 선택해 마음속으로 예행연습을 해보자. 감정 폭발은 사람들을 심난하게 만들긴 하지만, 반드시 프로세스까지 엉망으로 만든다고 할 수는 없다. 혹 사람들의 감정을 다룬 경험이 없기 때문에 도저히 자신이 나지 않을 수도 있다. 하지만, 회고계의 여신이란 칭호까지 받은 우리 중 한 명도 프로그래머 출신이라는 점을 잊지 말자.

눈물 휴지를 건넨다. 그 사람이 말을 할 수 있는 상황이면, 어찌된 영문인지 물어보고 그 내용을 그룹과 공유할 수 있는지 물어보자. 잠시 쉬면서 시간을 준다. 이런 경우, 사람들은 주로 토론하는 주제에 대해 진심으로 우러난 무언가를 공유하고 싶어한다.

소리 지르기 누군가 소리를 지르기 시작하면 대부분의 경우 나머지 사람들은 더는 참여하지 않는다. 모든 이에게 전혀 생산적이지 않은 일이 발생하는 것이다. 이럴 때는 바로 끼어들어야 한다. 멈추라는 신호로 한 손을 들고, 나직하지만 힘 있게, "잠시만요. 당신이 하는 말을 듣고 싶지만, 소리치면 들을 수가 없어요. 소리치지 말고 왜 그러는지 이야기해 줄 수 있습니까?"라고 물어본다. 혹 그 사람이 "난 소리치지 않았는데요."라고 대답한다 해도 당황하지 말자. 사람들은 자신이 화나거나 흥분했을 때 자기 목소리가 점점 커지고 있음을 깨닫지 못한다. 그 사람에게 다시 "아니요. 당신은 아까 분명히 소리를 쳤어요."라고 말할 필요는 없다. 소리치는 행위를 멈추게 한 걸로 충분한다.

팀원 중 계속해서 다른 사람을 비난하거나 소리 지르는 사람이 있다면, 회고를 잠시 중단하고 그 사람을 따로 불러서 이야기한다. 자신의 행동이 그룹에게 어떤 영향을 미치는지 알려 준다. 그리고 감정을 위협적이지 않은 방식으로 표현해야 한다는 규칙을 만들자고 요청하자. 따르지 않는 사람에게는, 잠시 나가서 좀 더 자제할 수 있을 때 돌아오라고 요구(그냥 말하는 것이 아니라)한다.

날뛰기 팀원 중 한 명이 날뛰기 시작하면, 그 사람을 내보내고 팀원들에게 무슨 일이 일어났는지 확인한다. 무슨 일이 있었는지 알고 나면, 방금 내보낸 사람 없이 계속 회고를 진행할 수 있는지 물어본다. 대부분의 경우에는 계속 진행할 수 있을 것이다.

이런 일이 한 번 이상 일어난다면, 다른 문제가 있는 것이다. 회고 외의 시간에 개인적으로 대화해 본다.

적절치 못한 웃음과 농담 회고가 재미있으면 좋은 것이다. 하지만, 민감한 주제를 회피하고자 웃음과 유머를 이용할 수도 있다. 웃음에 신랄함이 있거나, 특정 문제를 계속 회피하고 있다는 느낌이 들면, 바로 끼어들어야 한다. 팀을 자세히 관찰한 후 질문한다. "특정 주제가 거론되려고 하면 계속 누군가 농담을 하는데, 무슨 이유가 있나요?" 사람들은 그 이유를 여러분에게 설명하고, 더는 해당 주제를 회피하지 않을 것이다.

다음의 두 상황은 감정이 폭발한 상황은 아니지만 주의 깊게 지켜볼 가치가 있다.

이유 없는 침묵 시끌벅적하던 팀이 조용해진다면, 무슨 일이 벌어지고 있다는 징조다. 다시 한 번 사람들 속으로 들어가 관찰하고 다음과 같이 물어보자. "상당히 조용하네요. 이전에는 활력이 넘쳐서 이야기했는데, 무슨 일이 있었나요?" 팀이 단순히 지쳐서 휴식이 필요한 상황일 수도 있다. 당신이 질문을 하면, 누군가 막혀 있던 주제에 구멍을 내는 법을 알아낼 테고, 일단 구멍을 내면, 막혀있던 대화의 물꼬는 금세 트일 것이다.

물론 조용한 상황이 아무런 의미가 없을 때도 있다. 단순히 생각하는 중일 수도 있고, 지쳤거나, 그냥 원래 조용한 그룹일 수도 있다. 하지만 갑자기 조용해진다면, 뭔가 문제가 있을 확률이 높다.

표면 아래의 격랑 누군가 안절부절 못하거나, 다소 격앙된 목소리로 잡담을 나누고 있다면 회고 진행과 상관없는 다른 일이 벌어지고 있다는 뜻이다. 그룹에게 무슨 일이 있는지 물어보고 대답을 듣자.

한 예로 어떤 회고 진행자가 회고 중 일어난 갑작스런 소란을 어떻게 처리했는지 알아보자. 네트워크 인프라를 구축하는 팀이 릴리스 회고를 진행하는 동안, 회고 진행자 린시는 한 관리자가 자기 휴대폰으로 전화를 걸고 있는 모습을 봤다. 그 회고에서는 전화 통화를 하지 말라는 작업 규칙이 있었는데도 말이다. 관리자는 잠시 나갔다가 방에 다시 들어오더니 한 사람씩 불러 소곤대기 시작했다. 노트북도 켜져 있었다. 방에 있는 다른 사람들은 토론에 집중하려 했지만, 계속 그쪽에 신경이 쓰였다. 린시는 토론을 멈추고 무슨 일인지 물었다. 한 팀원이, 사무실에 일이 생겨 영업 관리자가 사무실로 돌아와 그 문제를 해결해 주기를 바란다고 설명했다. 사람들은 회고를 계속하고 싶었지만, 관리자의 요구와 고객의 위급한 상황을 알게 되었기 때문에 주의가 흐트러졌다. 이에 대해 린시와 팀은 몇 가지 방안을 이야기했다. 회고를 중단하고 나중에 다시 회고 계획을 잡거나, 관리자의 요구를 무시하거나, 사무실에 가지 않고 이곳에서 뭔가 시도해 보자는 의견이 나왔다. 결국 팀은 회고를 진행하는 공간에서 문제를 해결하는 시간을 정하고 회고를 다시 진행했다.

린시는 작업 규칙을 어겼다고 누군가를 비난하지 않았다. 특정 행동에 모두가 이해하는 이름을 붙이고(나부군 이야기-이름 붙이기 참고), 그 행동을 언급하고, 그룹에게 무슨 일이 있어났는지 물어보면 대부분의 경우 상황이 누그러지고, 역학이 변할 것이다.

휴, 이제야 끝이 났다. 다음에 나올 '시간 관리하기'는 이번 절보다 좀 더 쉬울 것이다.

3.3 시간 관리하기

문제가 하나 있다. 회고를 진행하다 보면, 그룹의 요구에도 응해야 한다. 이와 더불어 시간에 신경을 쓰면서 계획한 시간 안에서 모든 작업을 끝마쳐야 한다는 딜레마가 있다.

시계를 가져와 활동들을 진행하면서 시간을 잰다. 가끔 시간이 얼마나 지났는지 잊어버릴 때가 있다. 그래서 우리는 활동이 언제 끝나야 하는지 알 수 있도록 시작 시간을 따로 적어 놓는다. 아니면, 타이머를 사용해도 좋다.

8명 이상으로 구성된 그룹과 작업해야 한다면, 다음 단계로 넘어갈 시점에 이를 모든 사람에게 알려줄 방법이 필요하다. 사람들이 모여야 하거나, 결과를 공유해야 할 때, 혹은 활동에 추가 지시 사항을 알려줘야 할 때, 벨이나 종 같이 거슬리지 않은 소리가 나는 물건을 사용한다. 사람들을 향해 큰 소리로 알리는 행위는 비효율적이고 메시지가 잘못 전달될 위험도 있다. 휘파람으로 사람들의 이목을 효과적으로 끌 수도 있지만, 항상 원하는 효과가 나오지는 않는다. 오리나 소 같은 동물 울음소리는 그룹이 10명 이하일 때 효과적이다(그룹에 사람이 더 많으면 소리를 잘 듣지 못한다). 하지만 글쎄...고 상함은 좀 떨어질 것이다(여러분이 고상함을 신경 쓰지 않는다면 상관없다).

예정된 시간이 지났음에도 사람들이 계속 열정적으로 토론을 하고 있다면, 이후 진행에 대한 결정을 사람들에게 맡긴다. "이 논의를 계속한다면 우리가 애초에 이루고자 했던 회고의 최종 목표는 이룰 수 없습니다. 어떻게 하는 것이 좋을까요?" 사람들은 다음 문제로 넘어가자고 할 수도 있고, 원래의 최종 목표를 이루기보다 지금 이 문제를 계속 논의하는 편이 더 중요하다고 대답할 수도 있다. 결정은 그룹에 맡기자.

대체로 계획과 시간이 잘 맞아 떨어지지만, 어디선가 시간이 어긋나면, 토론 시간을 조정하거나 시간이 오래 걸리는 주제를 다음에 논의하는 식으로 절충안을 찾아야 한다.

그리고 시간이 모자랄 때를 대비해서 짧은 대체 활동을 준비해 두자. 여러분에겐 실험과 개선에 대해 분석하고 계획한다는 회고의 목적을 만족시킬 의무가 있으니 말이다.

3.4 자신을 관리하기

집단역학, 시간과 더불어 여러분 자신도 관리할 필요가 있다.

모든 팀과 사람 사이의 역학 관계에 눈과 귀를 열고 있고 있는 것은 엄청

힘든 일처럼 보인다. 역학을 관리하는 핵심은 기술이 아니라(일부 도움이 되긴 하지만), 여러분 자신의 감정적인 상태와 반응을 이해하고 관리하는 데에 있다. 자기 자신의 상태를 관리하지 않으면, 그 어떤 기술이나 전략도 소용이 없다. 감정이 고조되었을 때 팀에는 혼란스러운 상황에 벗어나 있는 사람이 있어야 한다. 그 사람이 바로 여러분, 회고 진행자다.

만일 스스로 불안과 긴장이 높아지고 있다고 느끼면 크게 숨을 들이마셔라. 필요하다면 잠시 휴식 시간을 취해도 좋다. 여러분이 불안함을 느끼는 것은 그룹이 다음에 수행할 사항을 정리해 줄 필요가 있다는 신호다. 팀원들이 느끼는 감정 상태의 원인이 여러분이 아니라는 사실과 더불어 여러분에게 모든 사람을 행복하고 즐겁게 만들 의무는 없다는 사실도 명심하자.

휴식 시간 동안 긴장을 풀 겸, 혈액 순환이 원활해지도록 손발을 털어 보자. 심호흡도 세 번 한다. 쓸데없는 충고 같지만, 실제로 사람들이 긴장하거나 불안해하면 뇌로 전달되는 혈액의 양이 줄어든다. 그로인해 명확하게 생각하는 능력이 떨어지고, 더욱 불안과 긴장을 느끼는 악순환이 반복된다. 심호흡을 하면 산소가 공급되어 뇌에 좋은 작용을 하고 더불어 여러분의 생각하는 능력에도 도움이 될 것이다. 일단 그렇게 하고 나서 스스로 다음 질문을 해보자.

- 방금 무슨 일이 있었지?
- 원래 이런 상황에서 어떤 식으로 반응했지?/회고 중에는 같은 상황에서 어떻게 반응했지?
- 어떻게 여기까지 그룹을 진행해 왔지?
- 그룹이 다음에 수행해야 할 내용이 뭐지?
- 다음 단계에서 내가 할 수 있는 선택 세 가지는 뭐지?
- 내가 그룹에게 무엇을 제공해야 하지?

이 질문들을 하면서 여러분은 다시 제자리로 돌아오게 된다. 그리고 집단 역학을 관리하는 전략 중 하나를 선택해 사용할 수 있다. 일단 여러분에게 전략이 한 가지라도 있는 한, 무엇을 할지 몰라 얼어 있는 일은 발생하지 않을 것이다. 그리고 경험이 쌓이면, 감정적인 순간에 덜 긴장하게 된다. 스승(mentor)을 찾아 함께 일하면서 자신감을 찾고 감정적 상황을 다스릴 수 있는 더 많은 전략을 배우자. 물론 심호흡도 잊어서는 안 된다.

3.5 자신의 기술을 한 단계 위로 끌어올리기

사람들이 함께 생각하도록 돕는 일이 즐겁다면, 이제는 진행자인 자신의 기술을 늘리고, 연장통에 더 많은 연장을 채울 차례다. 다음에서 여러분의 기술을 더 깊이 연마해야 할 영역을 찾아보자.

- **활동 수행하기.** 활동을 개발하고, 소개하고, 공유하는 기술이 있고, 또 사람들이 생각을 모으고 학습하도록 도와주는 시뮬레이션 기술이 있다. 회고에서 활동을 수행하는 것에 그치지 않고 여기에 시뮬레이션을 이용하는 것까지 보탠다면 사람들을 지도하고, 가르치며 훈련시키는 여러분의 일에 일부 도움이 될 것이다.

- **그룹이 결정에 도달하도록 도와주기.** 사람들이 실제로 결정(논리에 의한 것이 아니라 전적으로 방법에 의한)을 어떻게 하는지에 관한 거대한 지식의 체계(body of knowledge)가 있다. 여러분은 그룹에게 주어진 상황에 가장 잘 맞는 결정 과정과 결정을 모을 수 있는 방법을 알려 주어 결정의 질을 향상시킬 수 있다.

- **집단역학을 이해하고 조정하기.** 사람에 대해 공부하자면 평생이 걸릴 것이다. 이 영역에 대한 여러분의 기술을 연마할수록 그룹이 높은 생산성을 내도록 이끌고 좋은 회고를 만들어 나갈 수 있을 것이다.

- **자아 인식 능력을 높이기.** 자아 인식은 개인의 효율성을 길러내는 기초

가 된다. 자신에 대해 좀 더 공부하고, 스트레스 상황에서는 어떻게 반응하는지 알아둔다면 그만큼 실수가 줄 것이다. 단순한 반응이 아니라 적절한 반응을 선택할 수 있는 가장 첫 단계는 습관적인 행동 패턴을 알아내는 것이다.

- **플립차트를 만들고 사용하기.** 플립차트를 쓸 때는 조금만 거리가 멀어도 아무도 내용을 알아볼 수 없을 만큼 글씨를 갈겨쓰지 않도록 주의한다. 정보들을 어떻게 표현할지 학습하면, 그룹과 함께 작업할 때 그룹이 정보를 더 빠르고 효율적으로 다루도록 도울 수 있다.

이러한 기술들은 비단 회고뿐만 아니라, 다른 여러 상황에서도 적용이 가능하다. 그룹 프로세스를 이해하고 그룹이 성공할 수 있도록 도울 능력이 있다면, 여러분 역시 성공할 수 있다.

다른 종류의 회의도 원활히 진행되도록 이끄는 연습을 해보자. 만일 지원 그룹이나 회사 외부의 다른 조직에 속해 있다면, 회의나 분과위원회가 잘 진행되도록 돕자. 이는 적은 위험에 비해 많은 경험을 쌓는 일이다. 여러 회의를 대상으로 역학을 관리하는 연습을 하면 회고를 진행할 때 분명 효과가 있을 것이다.

회의를 이끌거나 그룹과 작업할 때 효율적으로 일하는 사람을 잘 관찰한다. 그 사람이 사람들과 어떤 식으로 의사소통하고, 회의가 매끄럽게 진행되지 않을 때는 어떻게 반응하는지 살펴본다. 물론 다른 사람이 했던 말을 토씨 하나까지 그대로 사용하고 싶진 않을 것이다. 관찰한 내용을 분석해서 여러분 스타일에 맞게 적용하자.

회의를 원활하게 진행하는 기술을 배우는 가장 좋은 방법은 피드백을 받으면서 연습하는 것이다. 주변의 신뢰하는 사람들에게 여러분이 회고를 진행하는 모습을 지켜봐 달라고 부탁하자. 여러분이 특별히 더 학습하길 원하는 영역이 있다면, 그 부분을 더 신경 써서 관찰해 달라고 한다. 아니면, 믿

을 만한 관찰자에게 여러분도 모르는 버릇이 언제 튀어나오는지 지켜봐 달
라고 요청해도 좋다.

여러분의 진행 기술을 향상시킬 자료들은 237쪽의 부록 D에 나와 있다.

*

아마도 여러분은 현재 각자 일하고 있는 분야에서 전문가일 것이다. 하지
만 회고를 매끄럽게 진행하는 업무를 하기 위해서는 소프트웨어 분야와는
다른 기술과 시각이 요구된다. 새로운 기술을 연마하는 데는 많은 시간과
연습이 필요하다. 마음에 여유를 가지고, 원하는 바가 무엇인지 잘 정리하
고, 스승을 찾아라. 여러분은 자신을 발전시키는 일에도 '조사하고 적용하
게 하기'를 사용할 수 있을 것이다.

나부군 이야기 - 이름 붙이기

브레인스토밍이 끝나고 나온 아이디어들을 비슷한 것끼리 분류하고 나면, 그 묶음이 어떤 기준으로 묶였는지 모두 알 수 있도록 새로운 이름을 짓는다. 보통은 대표성을 띄는 이름을 붙이기도 하나, 간혹 사람들이 더 재미있게 부를 수 있는 이름을 짓기도 한다. 한번은 짝 프로그래밍을 교육할 때, 사람들에게 짝 프로그래밍을 수행할 때 우려되는 것들을 적어서 화이트보드에 붙이도록 했다. 비슷한 의견끼리 모았는데 그중 한 묶음의 아이디어들은 다음과 같았다.

"서로 의견이 충돌하면 어떻게 하나요?"
"목소리 큰 사람이 다 하지 않을까요?"
"코딩하는 습관이 서로 다른데 어떻게 조율하나요?"
"한 사람이 주도하고 이끌어가는 경우는 없나요?"

사람들은 이 아이디어 묶음에 '교통사고'라는 이름을 붙였다.

04 　사전 준비하기

A g i l e
Retrospectives
Making Good Teams Great

'사전 준비' 단계에서는 팀이 회고를 진행하면서 수행할 활동에 대한 준비를 한다. 이 단계에서는 단순히 목표와 의제를 점검하고, 체크인 활동을 하고, 작업 규칙만 점검할 수도 있다. 하지만 그룹이 더 많은 작업을 해야 할 경우, 이번 장에서 설명하는 활동들을 사용해 보자.

183쪽에 나온 체온 측정 활동과 184쪽의 그림 8.2도 참고한다.

4.1 활동 – 체크인(Check-In)

이터레이션 회고에서 사전 준비 단계에 사용한다.

목적

사람들이 다른 데 신경 쓰지 않고 회고에 집중하게 한다.

또한 사람들이 회고를 통해 무엇을 얻고자 하는지 분명히 말하도록 한다.

필요시간

5분에서 10분 정도로, 이는 인원수에 영향을 받는다.

내용

회고 진행자는 참가자들과 인사를 나누고 목표와 의제를 점검한 후, 참가자들에게 간단한 질문을 한다. 참가자들은 각각 돌아가면서 대답한다.

수행 순서

1. 사람들이 한마디나 간단한 문장으로 대답할 수 있는 질문을 한다.
   다음과 같이 질문할 수 있다.

   • 이번 회의에서 무엇이 자신에게 필요한지 한 단어로 표현할 수 있나요?

   • 지금 당신의 느낌을 한두 마디로 말해 주세요.

   • 이번 회고에서 바라는 점이 무엇인지 한두 마디로 말해 주세요.

   • 지금 걱정되거나 신경 쓰이는 일은 무엇인가요?

   (일러두기 - 여러분이 이 질문들을 할 때 사람들이 현재 각자 마음속 걱정거리를 잠시 덮어두려면 무엇이 필요한지도 함께 물어보자. 이따금 걱정거리를 적어 책갈피나 주머니에 넣어 두는 행동만으로도 실제 정신적으로 걱정을 덮어둔 듯한 효과가 있다.)

   • 회고에 참석하면서, 만약 여러분이 자동차가 된다면, 어떤 종류의 자동차가 되고 싶으세요?

(일러두기 - 여러분은 이 질문과 관련해서 동물, 기기, 향신료 같은 다른 비유를 사용할 수 있다. 하지만 다소 경박해 보이거나 우스꽝스러운 비유는 하지 않도록 조심한다.)

어떤 질문이든지 사람들이 "통과"라고 말해도 괜찮다고 알려 준다. 들리는 말은 '통과' 뿐이지만, 어쨌든 그 사람의 목소리를 다 같이 들었으니까 소기의 목적은 달성한 셈이다.

2. 방 안을 다니면서 사람들이 어떻게 대답하는지 듣는다. 사람들의 답변에 감사를 표할 수도 있다(만약 그렇게 하기로 마음먹었다면, 모든 사람에게 감사를 표시해야 한다). 사람들이 한 대답에 "좋아요." 혹은 "훌륭하네요."와 같이 평가를 덧붙이는 일은 삼간다.

준비물
질문을 미리 준비하고 선택해 둔다.

사례
몇몇 팀은 행복, 분노, 우려, 슬픔, 희망 같은 감정을 나타내는 단어를 네다섯 개 정해놓고, 팀원들은 이 단어 중에서 하나를 선택해 현재 자신의 상태를 표현했다. 이런 형태의 '체크인'은 실제 작업 기간 중에 반목과 실패가 있을 때 도움이 된다.

4.2 활동 - 집중할 것/집중하지 말 것

이 활동은 이터레이션 회고의 사전 준비하기 단계에서 사용한다.

목적

생산적인 대화를 할 수 있는 마음가짐을 심어 준다.

참가자들이 비난하고 비판하는 마음(혹은 비난과 비판에 대한 두려움)이 들지 않도록 한다.

필요시간

8분에서 12분 사이로, 이는 인원수에 영향을 받는다.

내용

참가자들과 인사를 나누고 목표와 의제를 점검한 후, 회고 진행자는 생산적인 대화 방법과 비생산적인 대화 방법의 패턴을 설명한다. 해당 패턴들을 설명했다면, 이제 팀원들이 회고에서 의도하는 것이 무엇인지 의견을 나눈다.

수행 순서

1. 집중할 것과 집중하지 말 것에 대한 관심도를 그려 보자. 포스터에 그림 4.1과 같이 집중할 것과 말 것을 적고 처음부터 끝까지 한번 쭉 읽어 본다.

2. 한 그룹에 4명이 넘지 않도록 작은 그룹을 만든다. 각 그룹에게 집중할 것과 말 것에 해당하는 단어 쌍을 하나씩 정해 그 단어들이 뜻하는 바를 설명해 달라고 한다. 만약 그룹이 4개 이상이라면 선택한 단어가 겹쳐도 상관없다.

3. 각 그룹에게 두 단어가 무엇을 의미하고 무슨 행동을 나타내는지 묻는다.

4. 각 그룹의 의견을 전체 팀과 공유한다.

5. 사람들에게 오른쪽에 적힌 집중할 것의 목록을 그대로 둘지 물어본다.

그림 4.1 자신의 행동과 팀원들에게 미치는 영향에 대해 집중하는 데 탁월한 활동이다.

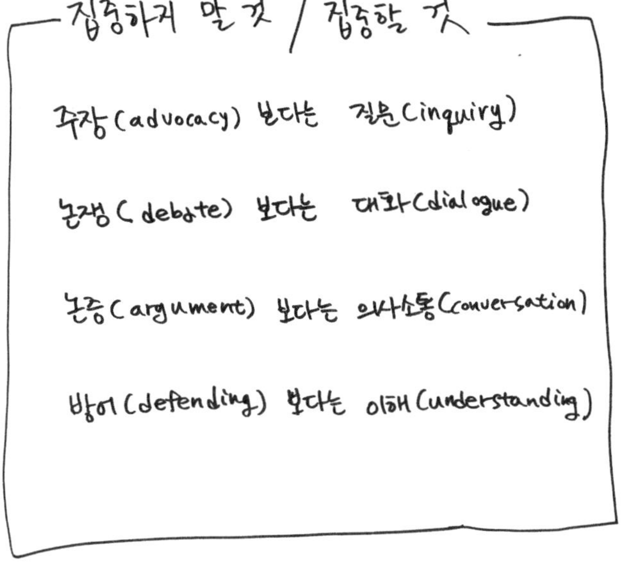

준비물

상단에 '집중할 것/집중하지 말 것'이라고 적힌 플립 차트를 준비한다.

사례

릴리스 회고에서 작업 규칙을 만드는 작업을 시작하면서 사용할 수 있다. 이미 많은 팀이 '집중할 것'에 올라온 행동을 작업 규칙으로 그대로 옮겨서 대화방식을 날마다 개선시켰다.

4.3 활동 – ESVP

비교적 긴 이터레이션, 릴리스, 프로젝트 전반에 대한 회고를 준비할 때 사용한다.

목적

사람들을 회고에 집중시킨다.

회고에 임하는 사람들의 태도를 이해한다.

필요시간

10분에서 15분이다.

내용

참가자들은 각각 익명으로 회고에 대한 자신의 태도를 '탐험가(Explorer)', '쇼핑하는 사람(Shopper)', '휴양객(Vacationer)', '죄수(Prisoner)'(ESVP)로 나타낸다. 회고 진행자는 결과를 모아서 자료에 대한 분포도를 만들고 결과가 의미하는 바에 대해 의견을 나눈다.

수행 순서

1. 사람들에게 회고에 자신들이 참여하는 것을 어떤 관점으로 바라보고 있는지 알아보기 위해 설문을 실시할 것이라고 알린다.

2. 플립 차트를 보여 주고 단어의 의미에 대해 설명한다.

- '탐험가'는 새로운 아이디어나 직관을 쉽게 발견한다. 탐험가는 이터레이션 혹은 릴리스나 프로젝트 회고에서 가능한 한 모든 것을 다 배우고 싶어한다.

- '쇼핑하는 사람'은 가능한 한 모든 정보를 둘러보고 그중 유용한 아이디어 하나를 집으로 가지고 가는 것에서 행복을 느낀다.

- '휴양객'은 회고에 흥미를 느끼지는 못하지만, 매일 반복되어 지겨운 일상에서 잠시나마 떠나 있다는 행복을 느낀다. 이따금 회고에 집중하기

도 하지만 즐거움을 느끼는 주된 이유는 일에서 해방되었기 때문이다.

- '죄수'는 억지로 앉아 있다고 느끼며 차라리 다른 일을 하는 편이 더 낫다고 생각한다.

3. 투표용지나 인덱스카드를 참가자들에게 나누어 주고 회고하면서 학습하는 것에 대한 자신의 현재 태도를 적길 요청한다. 비밀을 보장하는 차원에서 종이를 반으로 접으라고 한다.

4. 사람들이 다 적었으면, 걷어서 섞는다.

5. 참가자 중 한 명에게 투표용지를 읽을 때마다 해당하는 분포도에 표시를 해달라고 부탁한다. 용지를 읽고 난 후 바로 당신 주머니에 넣고 다 읽으면 종이를 모두 찢어 버리자. 모두 지켜보는 가운데 시행하여 사람들이 필체를 보고 누가 어떤 답변을 했는지 알 수 없음을 알린다.

6. 사람들에게 "이 결과에 대해 어떻게 생각하세요?"라고 물어본다. 그리고 난 후 사람들의 태도가 회고에 어떤 영향을 미칠지에 대해서 이야기를 나눠 본다.

7. "일상적인 업무에 대한 우리의 태도를 위와 같은 분류법으로 나누면 어떻게 나눌 수 있을까요?"라고 묻고 내용을 공유한다.

준비물

투표용지나 인덱스카드 그리고 연필이나 기타 펜.

분포도를 그릴 플립 차트.

사례

참여하는 사람들이 주로 휴양객이라면, 그것은 사람들이 자신의 작업 환경을 어떻게 느끼는지에 대한 흥미로운 정보가 될 수도 있다. 원한다면 여러분은 즉시 방향을 바꿔, 이 상황을 회고 시간의 중요한 토론 주제로 삼을 수도 있다. 그림 4.2에서는 아무도 죄수의 기분을 느끼고 있지 않다. 만약 여

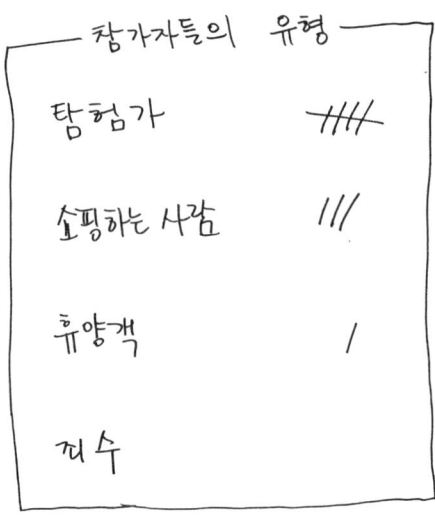

러분이 회고를 진행하는 곳에 죄수가 있다면, 어떤 식으로 시간을 보냈으면 하는지 사람들에게 선택권을 주자. 그럼으로써 사람들의 흥미를 불러일으킬 수도 있고 그렇지 않을 수도 있다. 만일 흥미를 불러일으키는 데 실패한 다면 그룹의 상황은 더 나빠질 것이다.

회고를 하다 휴식을 취할 계획이라면, 사람들에게 휴식 후에 회고하러 다시 돌아올지를 선택할 수 있다고 이야기한다. 죄수 기분을 느끼던 사람들이 회고에 참석하러 온다면, 그들은 더는 죄수가 아니다.

여러분이 힘든 숙제를 끝내고 나면, 방안에 죄수들만 가득해 놀라는 일은 없을 것이다. 방 안에 휴양객들이 많은 상황에서, 그룹의 대다수가 죄수의 기분을 느끼고 있다면 이 역시 뭔가 조치를 취해야 한다. 그렇게 하지 않으면 회고를 제대로 진행할 수 없다.

4.4 활동 – 작업 규칙

이터레이션, 릴리스, 프로젝트 회고의 사전 준비 단계에서 사용한다.

목적

사람들이 좀 더 생산적인 토론을 할 수 있도록 도와 주는 규칙들을 만든다. 사람들에게 서로 의사소통하는 걸 지켜볼(monitor) 책임이 있음을 알리자. 팀에게 평소 사용하던 작업 규칙이 없다면 몇 가지 후보를 제공한다.

필요시간

10분에서 30분 사이로, 인원수에 영향을 받는다.

내용

팀원들은 함께 작업을 효율적으로 할 아이디어들을 생각하고, 팀의 의사소통과 프로세스를 도와줄 규칙을 5개에서 7개 정도 고른다.

수행 순서

참가자들과 인사를 나누고 목표와 의제를 점검한 후, 회고 진행자는 팀을 두 명 혹은 작은 그룹(네 명을 넘지 않게)으로 나눈다. 이들은 작업 규칙을 만드는 일을 할 것이다. 각 그룹은 돌아가면서 가장 중요하다고 생각하는 작업 규칙들을 제안한다. 서로 겹치지 않는 작업 규칙들을 다 모았으면, 회고 진행자는 팀원들과 내용을 다듬는다. 그중 작업 규칙을 3개에서 7개 정도 정해 회고를 진행하면서 지켜야 할 행동의 표준으로 삼는다.

1. 활동 내용에 대해 설명한다. "이제 우리는 회고에서 사용할 작업 규칙들을 만들 겁니다. 서로 어떤 점을 지켜주길 바라는지 알 수 있겠죠. 팀원은 모두 작업 규칙을 따라야 하고, 누군가 작업 규칙을 어겼을 때 이를 알아채고 관심을 가질 의무가 있습니다. 작업 규칙이 있으면 회고를 진행하면서 우리에게 필요한 토론을 제대로 할 수 있습니다."

2. 두 명씩 짝을 짓거나 작은 그룹으로 팀을 나눈다. 한 그룹에 네 명 이상 들어가지 않도록 한다.

3. 그룹마다 규칙을 3개에서 5개 정도 만들어 달라고 한다. 규칙은 회고하는 동안 팀이 한층 생산적인 토론을 할 수 있도록 만드는 것을 목적으로 할 것이다. 사람들에게 여기서 사용하는 규칙을 평소 하는 일에도 적용하지는 않는다는 점을 상기시킨다. 규칙에 들어갈 행동들은 새로운 행동이거나 일반적으로 그룹이 행하지 않는 행동이어야 한다.

4. 서로 돌아가면서 각 그룹이 정한 가장 중요한 규칙을 듣는다. 그리고 그 내용을 플립 차트에 적는다. 팀원들이 사용했던 단어를 정확히 그대로 적는다. 이는 서로 구별되는 모든 규칙이 모일 때까지 반복한다.

5. 회고를 위해 규칙을 3개에서 7개 정도로 추려야 한다고 설명한다. 7개 이상은 기억하고 그대로 행하기 너무 어렵다.

6. 3개보다 적은 규칙을 제안했을 경우, 개수를 줄일 필요가 없으므로 바로 몇 가지 질문을 통해 작업 규칙을 더 잘 이해하는 시간을 갖는다. 모든 팀원이 각 작업 규칙을 이해하고 나면, 의견 일치를 시키고자 '엄지 투표'를 한다. 엄지를 올리면 '동의한다', 엄지를 옆으로 눕히면 '팀의 결정에 따른다', 엄지를 내리면 '반대한다'는 의미다.

7. 규칙이 7개 이상이라면 점 투표를 통해 우선순위를 정한다. 각 팀원에게 삼색 점 스티커를 나눠 준다. 팀원은 서로 다른 세 항목에 스티커를 나눠 붙여도 되고, 항목 하나에 전부 붙여도 된다.

준비물

플립 차트, 마커, 점 스티커

사례

전형적인 작업 규칙의 예를 보여 달라는 요청을 많이 받는다. 하지만 여태껏 작업 규칙에 대해서는 어떠한 패턴도 발견하지 못했다. 팀은 각각 작업 규칙에 자신들만의 독특한 관심 사항을 반영해 만들기 때문이다.

나부군 이야기 - 체크인

사실 처음 책을 통해 체크인을 접했을 때만 해도, 가끔 영화나 드라마에서 모임을 시작할 때 하는 건 봤지만, 개인적으로 경험도 없었고 국내에선 아무래도 사람들이 생소해 하고 쑥스러워할 것이라고 생각해서, 실제 회고를 진행할 때 체크인 과정은 생략하고 넘어갔었다.

그러다가 책을 번역하던 중에 비폭력대화 초급과정을 수강했었는데, 바로 이 체크인으로 수업을 시작하는 것이 아닌가. 서로 지금 자신이 느끼고 있는 감정을 한 단어로 표현하는 시간을 가졌는데, 실제 책처럼 말하는 단어의 수를 엄격하게 제한하지는 않았다. 사람들은 대부분 자신의 느낌을 말하고 어째서 그런 느낌이 들었는지를 간단히 설명했다. 한 사람당 30초에서 1분 정도 이야기했는데, 내가 처음 상상했던 것보다 훨씬 더 자연스러운 분위기로 진행되어 놀랐었다.

그후 나도 회고를 진행할 때 체크인 활동을 수행했는데, 크게 두 가지 이점이 있었다. 분위기가 부드러워지는 것과, 현재 사람들이 느끼는 감정을 알게 되어 회고를 어떻게 진행해야 할지 감을 잡을 수 있다는 점이다. 불만이든 기대감이든 일단 말을 하고 나면 사람들은 좀 더 회고 진행에 호의적이게 되거나 호기심을 가졌다. 물론 말을 시킨다고 모든 사람이 호의적으로 변하거나 호기심을 갖게 되는 것은 아니겠지만, 충분히 노력을 들일 만한 가치가 있음은 확인할 수 있었다. 그렇게 사람들이 회고에 어떤 마음가짐으로 참석하는지 알게 되면 이후에 대응하기가 한결 쉬워진다.

한번은 체크인 활동에서 사람들이 가장 많이 한 이야기가 피곤하다는 것이었다. 그렇다고 회고를 취소할 수는 없어서, 5분 동안 창문을 열고 환기를 하면서 쉰 다음 회고를 다시 진행했다. 체크인 활동을 생략했었다면, 지친 사람들과 함께 회고를 진행하는 데 더 많은 어려움이 따랐을 것이다.

05

자료 모으기

A g i l e
Retrospectives
Making Good Teams Great

자료를 모으는 활동으로 팀원은 이터레이션이나, 릴리스 기간 혹은 프로젝트 기간에 일어난 일들을 공유할 수 있다. 자료가 없다면, 팀은 무엇을 바꾸고 개선할지를 부정확하게 추측하여 결정할 수밖에 없다. 이번 단계를 통해, 팀원은 서로 다른 유형의 데이터를 통합하고 검토할 수 있을 것이다.

5.1 활동 - 시간축

비교적 긴 이터레이션, 릴리스, 프로젝트 전반에 대한 회고를 준비할 때 사용한다.

목적

반복적이고 점점 작업량은 늘어나는 상황에서 과거에 일어났던 일을 쉽게 상기할 수 있도록 기억을 자극한다.

여러 관점에서 바라보고 작업에 대한 큰 그림을 그린다. 누가, 무엇을, 언제 했는지를 추측하고 확인한다. 반복되는 패턴이나 활력 정도의 변화를 관찰한다. 오로지 사실만을 모으거나, 사실과 감정을 함께 모아도 된다.

필요시간

30분에서 90분 사이다. 이러한 시간은 인원수와 한 이터레이션을 거치는 동안 늘어난 작업량의 영향을 받는다.

내용

팀원들은 이터레이션이나 릴리스 혹은 프로젝트 기간 동안 기억에 남는 일이나 개인적으로 의미 있던 일 즉, 무언가 중요한 사건으로 생각되는 것들을 카드에 적는다. 그런 뒤 일단 대충 시간 순으로 나열해 시간축 위에 붙인다. 회고 진행자는 팀원들이 이터레이션, 릴리스, 프로젝트 전반에 걸쳐 일어났던 사건들을 논의하여, 사실과 감정을 이해할 수 있게 돕는다.

수행 순서

1. 다음과 같이 활동을 시작한다. "이번 이터레이션(릴리스 혹은 프로젝트)에 대한 더 자세한 그림을 그리기 위해 시간축을 채워나갈 것입니다. 여러 관점에서 바라봤으면 좋겠습니다."
2. 팀을 작은 단위로 나누는데 한 팀에 다섯 명이 넘지 않도록 배치한다.

가까이서 일했던 사람 위주로(공감 집단) 팀을 만든다. 커다란 한 팀보다 작더라도 각각 공감대를 형성한 두 개의 팀이 더 낫다.

마커와 함께 인덱스카드나 포스트잇을 나누어 준다.

팀원들이 모두 마커를 받았는지 확인한다. 조금 잔소리처럼 들릴 수도 있지만, 글씨를 서로 알아볼 수 있도록 말끔히 써줄 것을 팀원들에게 한 번 더 당부한다.

3. 과정을 설명한다.

팀원들에게 지난 이터레이션, 릴리스, 프로젝트 기간을 돌이켜 보게끔 한다. 기억할 만한 일이나 개인적으로 의미 있던 일, 혹은 무언가 중요한 사건이 있다면 적도록 요청한다. 한 사건에 카드나 포스트잇을 한 장씩 사용한다.

이번 활동의 목적은 여러 관점에서 사건을 알아보는 것이므로 무엇이 기억할 만하고, 의미 있고, 중요한 일이었는지 합의할 필요가 없음을 미리 알린다. 한 사람이 의미 있고 중요하다고 느낀다면, 그걸로 충분하다.

10분 동안 진행될 것이라고 알려 준다.

만약 색을 표시하기로(「응용」 참고) 했다면, 각 색이 무엇을 의미하는지 설명하고 사용 예를 붙여 놓는다.

다른 사람들이 볼 수 있도록 글씨를 말끔히 써줄 것을 계속 당부한다.

4. 팀원들이 사건에 대해 이야기하고 카드에 적는 과정을 면밀히 관찰한다. 시간이 절반쯤 경과했는데도, 카드에 내용을 쓰지 않은 사람이 있다면 쓸 것을 종용한다. 혹은 적은 카드를 모아 두고만 있다면, 시간축에 붙이기를 권한다.

5. 카드를 모두 붙이고 나면, 이제 다른 팀원들이 붙인 카드를 볼 차례다. 남들이 붙여 놓은 내용을 보면서, 새롭게 떠오르는 내용을 새 카드에

적어 시간축에 붙이도록 한다.

6. 시간축을 분석하기 전에 잠깐 쉬거나 점심을 먹는다.

응용

시간축은 여러 가지 방법으로 응용해서 쓸 수 있다. 인덱스카드, 포스트잇, 마커, 점 스티커를 이용해서 다양하게 사실과 감정에 대한 자료들을 이끌어 낸다. 다음과 같은 활동도 가능하다.

감정에 따른 색 표시 사실과 감정에 대한 데이터를 모으려면, 구별되는 색을 사용해 감정 상태를 나타낸다. 예컨대 다음과 같다.

- 파랑 - 슬픔, 분노, 나쁨
- 빨강 - 어려움, 정체됨
- 초록 - 만족, 성공적, 활기참
- 노랑 - 주의, 혼란
- 보라 - 재미, 놀람, 유머
- 분홍 - 피곤, 스트레스

사건에 따른 색 표시 색을 이용해 사건의 종류를 나타낸다. 예를 들어,

- 노랑 - 기술적이거나 기술에 관련된 사건
- 분홍 - 사람 혹은 팀과 관련된 사건
- 초록 - 회사와 관련된 사건

역할에 따른 색 표시 색을 이용해 역할을 나타낸다. 예를 들어,

- 파랑 - 개발자
- 분홍 - 고객
- 초록 = QA와 테스터
- 노랑 = 테크니컬 라이터[1]

그림 5.1 이터레이션을 세 차례 마친 후 회고할 때 사용한 시간축이다. 이 팀은 이제 막 회고를 시작했고, 한 차례 이상 지난 이터레이션을 돌이켜 보고자 한다.

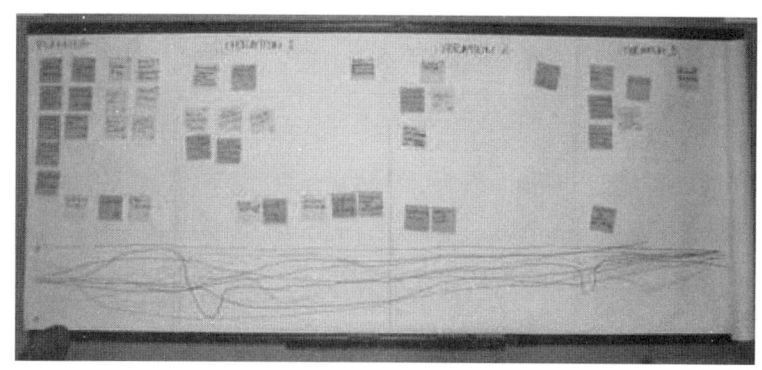

주제에 따른 색 표시 뭔가 구체적인 주제에 초점을 맞추고 싶다면, 특정 주제와 관련된 사건들을 구별하는 데 색을 사용한다. 예를 들어,

- 노랑 - 팀 의사소통
- 파랑 - 장비 사용
- 분홍 - 고객과의 관계
- 초록 - 엔지니어링 실전

현재 처한 상황에 맞춰서 카드나 포스트잇에 점 스티커 등을 이용해 색을 표시할 수 있다.

역할별 수영 레인(swim lanes) 시간축 위에 가로로 줄을 길게 그려 여러 영역을 나눈다(카드를 바로 벽에 붙일 것이 아니라면, 리본이나 테이프를 사용해서 줄을 나눈다). 각 영역이 부서나 역할을 나타내므로 해당 그룹은 자신들의 수

---

1 (옮긴이) 특정 사람을 대상으로 특정 목적을 가지고 기술적인 주제에 관해 정보를 전달하는 글을 쓰는 사람을 말한다.

영 레인에만 카드를 붙일 수 있다.

출/입 수영 레인 종이 중앙에 선을 가로로 그어 구획을 둘로 나눈다. 절반은 팀에 관련된 사건이 적힌 카드를 붙이고, 나머지 절반에는 핵심 팀(core team) 은 아니지만 프로젝트에 참여하고 있는 참여자들에 대한 사건을 붙인다.

참여/불참 별이나 사람 같은 특별한 모양으로 자른 종이를 사용해서 프로 젝트 참여를 표시한다. 사람들에게 언제부터 프로젝트에 참여했는지 시간 축에 사람 모양의 종이를 붙여서 표시한다. 더는 프로젝트에 참가하지 않거 나 회고에 참석하지 않은 사람에게는 추가로 별을 붙인다.

준비물

마커, 인덱스카드나 포스트잇. 붙여 놓은 카드를 이리저리 옮겨 붙일 수 있 는 테이프. 종이를 벽에 붙일 테이프.

뒤판. 뒤판으로 사용할 긴 벽에 종이를 붙인다. 여러분은 그 위에 플립 차 트 낱장을 붙이거나 롤지(roll paper)를 사용할 수 있다. 한 주 동안 진행된 이 터레이션의 경우, 종이가 약 가로 2미터, 세로 80센티미터 정도면 충분하다. 이터레이션이 더 길면 가로 10-20미터, 세로 1.5-2미터 정도의 종이를 사용 한다.

회고를 시작하기 전에 벽에 종이를 붙여 놓는다(릴리스나 프로젝트 회고에 서는 미리 의미 있는 기간으로 시간축의 시간을 나누어 놓는다).

사례

시간축은 이터레이션, 릴리스, 프로젝트 전반에 대한 자료를 다양한 수준으 로 표현할 수 있다. 이때 시간축은 단순하게 사건을 적은 하얀 인덱스카드 를 시간 순으로 나열해 놓은 것일 수도 있고, 색을 표시하거나, 의미에 따라 순서를 정렬하거나 혹은 역할별로 수영 레인을 그린 것일 수도 있다. 점 스 티커를 사용해 사건이 긍정적인지 부정적인지 나타내거나, 때로는 시간축

하단 공간에 프로젝트를 진행하며 느낀 감정의 고저 상태를 그리는 등의 추가 정보를 넣어 더 복잡하고 화려하게 나타내기도 한다.

여러분이 전체 회고를 한 시간 안에 진행해야 할 경우, 데이터를 나타내는 데 꼭 필요한 응용 방법만을 선택한다. 사실과 감정이 모두 들어가야 하지만, 각 데이터를 나타내고자 꼭 응용 방법을 하나 이상 사용할 필요는 없다. 회고의 목적이 무엇인지 생각해서 주어진 시간 동안 가장 중요한 내용을 다룰 수 있도록 한다. 항상 단순함을 유지하자.

5.2 활동 - 5.5.5(Triple Nickels)[2]

이터레이션, 릴리스, 프로젝트 회고를 진행할 때 자료를 모으거나 '무엇을 할지 결정하기' 단계에서 사용한다.

목적

행동(action)이나 개선(recommendation)에 대한 아이디어를 모은다. 지난 프로젝트를 돌아보면서 어떤 주제가 중요했는지 알아본다.

필요시간

30분에서 60분 사이다. 인원수의 영향을 받는다.

내용

작은 단위로 그룹을 나누고, 다시 그룹 안에서 각자 5분 동안 브레인스토밍으로 아이디어를 따로 적는 시간을 준다. 5분이 지나면, 각자 적은 종이를 자신의 오른쪽 사람에게 넘긴다. 다시 사람들은 5분 동안 받은 종이에 아이디어를 적는다. 자신이 처음 작성했던 종이가 돌아올 때까지 이 과정을 반복한다.

수행 순서

1. 다음과 같이 활동을 시작한다. "이번 활동의 목표는 최대한 많은 아이디어를 만들어내는 것입니다." 그런 다음 과정을 설명한다(「내용」 참고).

2. 팀을 작은 그룹으로 나눈다. 각 그룹에 5명 이상 들어가지 않도록 한다. 사람들에게 적을 종이를 나눠주고 펜이나 연필이 있는지 확인한다. 다른 사람이 알아볼 수 있도록 글씨를 말끔히 쓰라고 당부한다.

3. 과정을 설명한다. 처음에는 주어진 주제에 대한 아이디어를 5분 동안 적게 한다. 최소한 아이디어를 5개는 적으라고 이야기한다. 이후 다른

---

2 (옮긴이) 5명이서 5분 동안 사건 5개를 적는다는 의미다.

종이를 넘겨 받으면 이미 적혀 있는 아이디어를 보면서 번뜩 떠오른 새로운 아이디어를 적거나, 그 아이디어들을 다른 방식으로 연관되는 것끼리 묶어 보라고 한다.

4. 시간을 재서 5분이 지나면, 벨을 울려 종이를 오른쪽 사람에게 돌린다.

5. 모든 단계가 끝나면, 사람들은 자신의 종이에 적힌 아이디어들을 읽는다.

6. 아래 질문들을 이용해 결과를 공유한다.

- 아이디어를 쓰면서 무엇을 깨달았습니까?
- 당신을 놀라게 만든 아이디어가 있었나요? 당신의 기대를 충족시킨 아이디어는 무엇인가요? 어떻게 충족시켰나요?
- 현재 적힌 목록에서 빠진 부분이 있을까요?
- 우리가 좀 더 알아봐야 할 아이디어나 주제는 무엇일까요?

여기서 도출된 아이디어들을 사용할 수 있도록 바로 다음 단계로 이어나간다.

준비물

종이, 펜이나 연필

응용

사람이 7명보다 적을 땐 그룹을 나누지 않고 종이를 5번만 돌린다.

사례

대부분 과묵한 개발자로 이루어져 있고, 한두 명만이 말을 많이 하는 팀에서 '5.5.5' 활동을 한다면 모든 팀원에게 개인적으로 생각할 시간이 주어져 전체 팀 이해를 발전시키는 프로세스가 될 수 있다. 또한 말하기 좋아하는 몇몇 사람에 의해서 회의가 좌우되는 상황도 방지할 수 있다. '5.5.5'에서는 자료를 모으는 데 모든 이가 동등하게 참여할 기회를 얻는다. 자료가 도출되는 시점에는 아무리 과묵한 사람일지라도 자신이 적거나 읽은 내용에 대해 뭔가 할 말이 있기 마련이다.

＊

다음 예를 살펴보자. 5명씩 구성된 내부 비즈니스 애플리케이션 팀이 이터레이션에 대한 자료를 모으는 걸 돕기 위해 회고 진행자 아쉬와리아는 '5.5.5' 활동을 소개했다. 팀원 10명을 두 그룹으로 나눈 후 종이와 펜을 나누어주었다.

"앞으로 5분간 이터레이션 동안에 일어났던 중요한 다섯 가지 사건을 적어 봅시다. 지난 15일 동안 보고 들은 내용을 기록해 주세요. 다른 사람들도 읽을 수 있도록 말끔히 적어 주세요."

5분이 지나자 아쉬와리아는 종이를 돌렸다. "자, 이제 적은 종이를 오른쪽으로 돌리세요. 자신이 받은 종이에 적힌 내용을 읽어 보세요. 더 자세한 내용을 덧붙여도 좋고 사건과 관련된 새로운 내용을 추가해도 됩니다."

팀원들은 자신의 종이가 돌아올 때까지 이러한 작업을 반복했다. 어떤 팀원들은 보태진 글을 보고 웃기도 했고, 다른 사람들은 고개를 젓기도 했다. 아쉬와리아는 '5'라는 테마를 유지하고자 다음 질문을 사용해 내용을 공유했다. "여러분이 읽었던 것 중에서 가장 뛰어난 사건을 다섯 가지 꼽는다면 무엇인가요?", "가장 강력한 반응을 일으켰던 다섯 가지 사건은 무엇인가요?", "가장 중요한 다섯 가지 사건은 무엇인가요?"

토론을 마친 후, 팀원들은 테이프로 "이터레이션 역사"라고 적힌 벽면에 작성한 내용을 붙였다.

5.3 활동 - 점 스티커로 색 표시하기

비교적 긴 이터레이션, 릴리스, 프로젝트 회고에서 감정에 대한 자료를 모을 때 시간축 활동과 함께 사용한다.

목적

시간축에 적힌 사건들에 대해 사람들이 어떻게 느꼈는지 보여 준다.

필요시간

5분에서 20분 사이다.

내용

팀원들은 점 스티커로 자신의 감정 상태를 시간축에 표시한다.

수행 순서

모든 사건을 시간축에 붙이고 나면, 팀은 내용을 재빠르게 살펴보고 각자 색깔 점 스티커를 사용해 자신의 노력이 많이 들어간 곳과 적게 들어간 곳을 표시한다(그림 5.2 참고).

1. 다음과 같이 활동을 시작한다. "지금까지 지난 주기 동안 일어났던 일에 대해 알아봤고, 이제는 이 작업을 어떤 식으로 진행했는지 알아봅시다."
2. 각자에게 두 가지 색상의 점 스티커를 나눠준다. 한 사람당 7개에서 10개 정도 지급하고 필요하면 더 준다. 어떤 색이 높은 활력을 의미하고 어떤 색이 낮은 활력을 의미하는지 설명한다.
3. 사람들에게 나눠준 점 스티커를 사용해서 언제 활력이 높았고, 언제 활력이 정체되거나 늘어지고 기운 빠졌는지를 각 사건 위에 표시해 달라고 한다.

그림 5.2 **색깔 점 스티커로 표시된 시간축.**

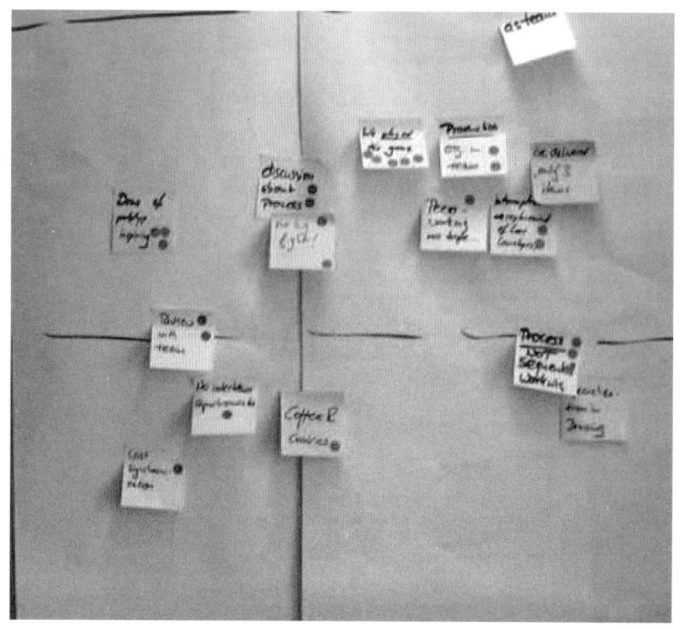

준비물

지름이 1.5~2센티미터인 두 가지 색상의 점 스티커. 이때 높은 활력을 나타내는 색과 낮은 활력을 나타내는 색을 결정해 둔다.

응용

활력의 높고 낮음 대신에 사건이 긍정적인지 부정적인지를 나타낼 수도 있다.

사례

주어진 시간이 얼마 없다면, 다음 방법을 통해 토론할 주제를 추린다.

   1. 높은 활력이나 긍정적인 의미의 표를 많이 받은 사건들을 조사해 어떤

요소가 긍정적인 상태를 만들었는지 알아낸다.

2. 낮은 활력이나 부정적인 사건을 조사해 상황을 그렇게 만든 원인을 알아내고 어떻게 그 상황을 해결할 수 있을지 의논한다.

3. 의견이 갈라지는 영역을 살펴보면서 서로 다른 관점에 대해 알아본다 (1장에서 캐롤의 카드와 같은 경우가 되겠다).

5.4 활동 – 화남, 슬픔, 기쁨

이터레이션, 릴리스, 프로젝트 회고에서 감정에 대한 자료를 모을 때 사용한다.

목적

사람들에게서 감정에 대한 사실을 끌어낸다.

필요시간

20분에서 30분 사이다. 인원수의 영향을 받는다.

내용

각자 색깔 있는 카드나 포스트잇을 사용해 프로젝트 기간 동안 자신이 느꼈던 감정을 화남, 슬픔, 기쁨으로 표시한다.

수행 순서

다음과 같이 활동을 소개한다. "이번 이터레이션(릴리스 혹은 프로젝트) 기간 동안 우리가 느낀 점에 대해 살피고, 만족스러웠던 시간과 불만족스러웠던 시간의 원인을 추적할 수 있는지 알아보겠습니다."

1. "화남", "슬픔", "기쁨"이 적힌 포스터 세 개와 미리 색을 표시한 카드 몇 개를 마련하고 사람들의 주의를 모은다. 카드(또는 포스트잇)를 사람들이 손이 닿는 곳에 놓고 마커를 나눠 준다.

2. 과정에 대해 설명하고 제한 시간을 준다.
   "이제부터 __분 동안 이번 이터레이션(릴리스 혹은 프로젝트) 기간 동안 여러분이 화가 났거나, 슬펐거나, 기뻤던 사건이나 순간을 적으세요. 카드 한 장에 사건 혹은 사고를 하나씩 적는 겁니다. 다른 사람들이 알아볼 수 있도록 말끔히 써주세요."

3. 시간이 끝나면 이를 사람들에게 알리고 각 카드를 알맞은 포스터에 붙이

길 요청한다. 갑자기 생각이 난 사건이 있다면 새 카드를 추가해도 괜찮다.

4. 각 포스터에 붙어 있는 카드들을 비슷한 내용끼리 모은다. 첫째 포스터로 가서 한 카드를 집어 사람들에게 내용을 읽어 준 후 다른 카드 옆에 두고 비교하며 묻는다. "이 두 카드가 같은 내용인가요?" 사람들이 여러분에게 같은 내용인지 아닌지 알려줄 것이다. 각 포스터에 붙은 모든 카드를 비슷한 것끼리 분류될 때까지 이 과정을 반복한다.

5. 각 묶음에 이름을 붙이길 요청한다(나부군 이야기 - 이름 붙이기 참고). 다른 카드에 제목을 쓴다. 묶음의 이름을 쓰는 용도의 카드는 다른 카드들과 구별이 되도록 바깥쪽에 상자를 그려 넣거나, 다른 색으로 사용한다.

6. 다음 질문들로 내용을 공유한다.

- 이 카드들이 여러분에게 어떤 내용을 말해 주고 있습니까?
- 이 카드들에서 기대하지 않았던 것은 무엇입니까? 작업 중에 어려웠던 점은 무엇입니까? 어떤 부분에서 긍정적인 느낌이 들었나요?
- 묶음들에서 어떤 패턴을 발견했나요? 그 패턴들이 팀에게 어떤 의미가 있을까요?
- 이 카드가 다음 단계에 우리가 무엇을 하도록 제안하나요?

준비물

플립 차트 용지나 포스터 겉면에 붙일 다른 종류의 종이. "화남", "슬픔", "기쁨"이 적힌 포스터 세 장. 만약 팀원이 10명이 넘는다면, 각 포스터마다 플립 차트 용지가 두 장씩 필요할 수 있다.

세 가지 색깔의 인덱스카드나 포스트잇. 색마다 예제를 적어 놓아 사람들이 무슨 색이 어떤 의미를 지니는지 알 수 있도록 한다. 물론 한 가지 색으로 할 수 있지만, 다른 색을 사용하면 시각적으로 훨씬 큰 효과를 얻을 수 있다.

마커.

응용

감정에 대한 단어를 직접 사용하지 않고 한 포스터에는 "자랑스러운"이라고 적고 다른 포스터에는 "유감스러운"이라고 적는다. 팀원들에게 이터레이션 동안 자랑스러웠다고 느낀 순간이나 사건 그리고 유감스럽다고 느낀 순간이나 사건을 카드에 적으라고 하자.

사례

이 활동으로 회고에서 사용할 감정에 대한 자료를 얻을 수 있다. 일어났던 일에 대해 "나는 여차여차한 일이 일어났을 때 화가 났다."라고 말하기보다 '화남' 카드를 적는 편이 더 쉽다.

팀원들 사이에 감정의 골이 생기거나 반목이 있을 때는 포스터에 적을 감정 단어를 '자랑스러운'과 '유감스러운'으로 바꾼다. 사람들은 사건에 대해 유감이라고 표현하는 쪽이 직접 변명을 늘어놓거나 잘못을 시인하기보다는 덜 부담스럽다. 또한 카드를 작성하면 직접 비난할 대상자를 지목하거나 나쁜 행동을 인정하는 일 없이 지난 잘못에 대해서 충분히 의사소통을 나누게 된다. 그럼으로써 오랫동안 함께할 그룹 내부 사람들 간의 관계가 더 좋아질 수 있다.

5.5 활동 - 강점 알아내기

비교적 긴 이터레이션, 릴리스, 프로젝트 회고에서 사실과 감정에 대한 자료를 모으는 데 사용한다. 이 활동 후에 통찰 이끌어내기 단계의 '주제 파악하기' 활동을 바로 이어서 한다.

목적

팀원들이 다음 이터레이션에도 사용할 수 있는 강점이 무엇이 있을지 알아낸다.

이터레이션, 릴리스, 프로젝트가 제대로 진행되지 않았을 때는 균형을 맞춰 준다.

필요시간

강점 알아내기 활동에 걸리는 시간은 15분에서 40분 사이로 인터뷰 질문 수에 영향을 받는다. '주제 파악하기' 활동에 추가로 20분에서 40분 정도가 더 필요하다. 이렇게 해서 두 활동을 끝마치는 데 총 30분 내지 90분이 소요된다.

내용

팀원들끼리 프로젝트 기간 동안 작업이 잘 이루어졌던 기간에 대해 인터뷰를 진행한다.

이 활동의 목적은 작업을 잘 이행할 수 있었던 원인과 환경을 이해해 재구성하는 데에 있다.

수행 순서

다음과 같이 활동을 소개한다. "우리는 질문을 하면서 배웁니다. 우리가 가장 많이 학습하는 방법은 가장 많이 질문하는 것이기도 하죠. 이제 성공적이었던 이터레이션(또는 릴리스나 프로젝트)에 대해 좀 더 공부해 봅시다. 서로 각자 작업이 잘 이루어졌던 시간에 대해 질문하는 시간을 가질 것입니다."

1. 짝을 구성한다. 가능하다면 짝을 상대방의 작업에 대해 잘 모르는 사람이나 서로 작업을 자주 하지 않았던 사람끼리 구성한다. 팀원이 홀수면 한 팀은 셋이서 작업해도 된다. 미리 작성한 인터뷰 질문지를 나눠 준다.

2. 인터뷰 진행 과정을 설명한다.
   - 호기심을 품고 지켜본다.
   - 답변자에게 정신을 집중한다.
   - 기억해야 할 중요한 점들을 기록한다.
   - 공유할 이야기나 인용구를 듣는다.
   - 이것은 대화가 아니다. 인터뷰를 하는 사람은 질문을 하고 이야기를 들을 때는 자신의 이야기를 포함시키지 않아야 한다.

   첫 인터뷰가 끝나면 서로 역할을 바꾼다.

3. 누가 먼저 인터뷰를 할지는 짝들이 정한다. 회고 진행자는 시간을 재서 반이 지나면 종을 울리거나 구두로 다음과 같이 이야기한다. "아직 두 번째 인터뷰를 시작하지 않았으면, 바로 시작해 주세요."

4. 인터뷰가 끝나면 바로 이어서 '주제 파악하기' 활동을 진행한다.

준비물

미리 질문지를 준비하고 모든 사람이 하나씩 볼 수 있도록 미리 복사해 놓는다.

질문은 다음 형식을 따른다.
- 현재 직업이나 직장을 선택하게 된 원동력이 무엇이었는지 묻는다.
- 이터레이션(또는 릴리스나 프로젝트) 중 자신의 능력이 최대한 발휘되었던 때는 언제였는지 묻는다.
- 작업이 잘 되었던 원인이 무엇인지 묻는다.

- 주위에 누가 있었으며 환경이 어떠했는지 묻는다.
- 다음 프로젝트에서 무엇을 바라는지 묻는다.

사례

인터뷰 예제는 다음과 같다.

"당신이 이 회사의 어떤 점에 끌렸는지 말해 주세요."

"릴리스(이터레이션이나 프로젝트)할 때마다 작업이 술술 풀릴 시점이 있습니다. 지난 릴리스 기간을 떠올려 보세요. (잠시 정적) 당신이 가장 작업이 잘 되었던 순간을 이야기해 주세요."

"주위 환경은 어땠나요?"

"누가 기여했나요?"

"다음 이터레이션(릴리스 혹은 프로젝트)를 개선하기 위해 세 가지 소원이 있다면 무엇입니까?"

이와 같은 짧은 인터뷰는 사람마다 약 15분 정도 소요된다. 질문이 더 많아지면, 시간을 더 늘린다. 만약 질문을 추가한다면 앞서와 같은 형식으로 작업이 잘 이루어지던 상황에 대해 더 자세히 알아본다.

이 활동은 사람들이 뭔가 억압되어 있다고 느낄 때 수행하면 좋다. 상황이 매우 좋지 않았던 이터레이션에 대해서도 좋았던 순간을 떠올리게 되기 때문이다. 작업이 잘 이루어지던 상황에 초점을 맞추면 사람들이 그 상황이 이루어질 수 있었던 주변 환경을 다시 꾸미는 것을 의식적으로 생각하게 된다.

5.6 활동 – 만족도 막대그래프

이 활동은 이터레이션 회고에서 '사전 준비'나 '자료 모으기' 단계에서 사용한다.

목적

집중하고 있는 영역에 대해 팀원들이 얼마나 만족하고 있는지 나타낸다. 특정 영역에 대한 현재 상태를 시각적인 그림으로 제공하면 팀원들은 더 심도 있는 토론과 분석을 할 수 있다. 이를 통해 팀원들 간에 견해차가 있음을 인정하게 된다.

필요시간

5분에서 10분 사이다.

내용

실천 방법과 프로세스에 대한 개인과 그룹이 얼마나 만족하는지 막대그래프를 이용해 측정한다.

수행 순서

1. 다음과 같이 활동을 소개한다. "오늘은 우리가 함께 작업하고 있는 방식에 대해 얼마나 만족하고 있는지를 측정하는 기준선을 마련해 보려고 합니다. 우리의 만족도가 어떻게 변하는지 상태를 추적하기 위해서 이 활동을 다음 회고에서도 되풀이할 수 있습니다."

2. 팀원들에게 미리 만족도에 대한 설명이 적힌 플립 차트를 보여 주고 각 숫자가 의미하는 바를 알려 준다. 그리고 인덱스카드나 비슷한 크기의 종이를 팀원들에게 한 장씩 나눠 준다.

   "바로 지금 팀에 대한 만족도를 숫자로 표현해 카드에 적어 주세요. 적은 후에 종이를 접어서 이 통에 넣어 주세요."

3. 카드들을 섞은 후, 자원자를 뽑아 여러분이 카드를 읽으면 그래프에 색을 표시해 주길 요청한다. 카드마다 적혀 있는 숫자를 읽는다. 그래프에 표시하고 나서 다음 카드를 읽는다.

4. 그래프 결과를 알려 주고 결과에 대해 의견을 묻는다. 이때 여러분 자신이 직접 의견을 낼 수도 있다. 다음 예를 참고하자. "그래프를 보면 세 명이 매우 만족하고 있고, 두 명이 만족스러워하지 못하고 있군요. 나머지 사람들은 중간쯤에 위치하네요. 회고를 계속 진행하면서 다음 이터레이션 때 실험해 볼 것을 선택할 때 이 결과를 참고할 수 있습니다. 다음 이터레이션에 두세 번 더 측정할 것입니다."

준비물

플립 차트 두 개를 준비한다. 한 플립 차트에는 1부터 5까지를 차례대로 적고 그 옆에 각 숫자가 의미하는 바를 적는다. 여러분이 직접 응용해서 내용을 적을 수도 있다(그림 5.3 참고). 다른 플립 차트에는 왼쪽에 위에서 아래로 1부터 5까지를 차례대로 적고 그 오른쪽에 한 줄로 여러 칸의 상자를 그려서 투표 결과를 채워 넣는다(그림 5.4 참고).

응용

'프로세스'는 만족도 막대그래프로 나타낼 수 있는 한 예일 뿐이다. 그 외에도 '제품의 품질', '외부 팀과의 상호작용', '공학적 실천법[1]'에 대한 만족도를 막대그래프로 표현할 수 있다.

응용 사례 이 응용 방법은 회고의 사전 준비 단계에서 사용한다. 다섯 가지 정의를 이터레이션 전반 혹은 하루를 얼마나 기분 좋게 시작했는지에 대한 만족도를 묻는 질문으로 바꾼다. 예를 들면 다음과 같다.

---

1 (옮긴이) XP에서 사용하는 공학적인 실천 방법을 말하는 것으로, 예컨대 짝 프로그래밍, TDD 등이 있다.

그림 5.3 만족도에 따른 정의가 적힌 종이

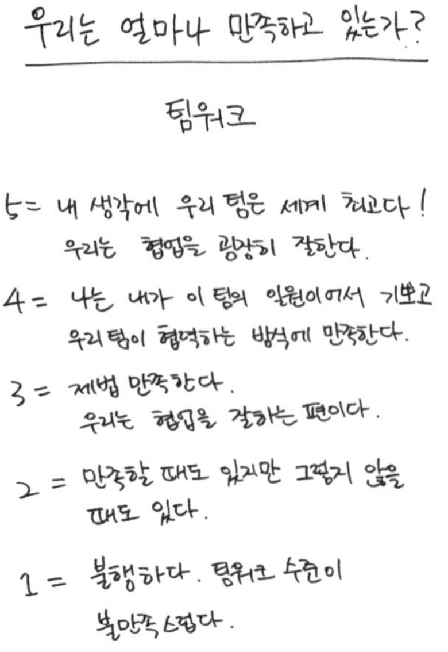

우리는 얼마나 만족하고 있는가?

팀워크

5 = 내 생각에 우리 팀은 세계 최고다!
우리는 협업을 굉장히 잘한다.

4 = 나는 내가 이 팀의 일원이어서 기쁘고
우리 팀이 협력하는 방식에 만족한다.

3 = 제법 만족한다.
우리는 협업을 잘하는 편이다.

2 = 만족할 때도 있지만 그렇지 않을
때도 있다.

1 = 불행하다. 팀워크 수준이
불만족스럽다.

- 5. "제 인생 최고의 날이 될 것 같아요. 매우 만족하고 있습니다."
- 4. "오늘 하루는 시작이 좋았어요. 제법 만족하고 있어요."
- 3. "괜찮게 하루를 시작했어요. 대체로 만족하는 편이에요."
- 2. "다른 날보다 좀 안 좋게 시작했네요. 그다지 만족스럽지는 않아요."
- 1. "일어날 때부터 평소랑 다른 방향으로 뒤집혀 있더니 오늘 제대로
  된 게 하나도 없네요. 하루의 시작이 전혀 만족스럽지 못해요."

사례

이 활동은 감정이라는 언어를 사용하지 않고, 빠르고 무리 없이 감정에 대한
자료를 얻을 수 있는 방법이다. 제품에 대한 만족도와 프로세스에 대한 만족
도 같이 서로 다른 요소를 알아보고자 막대그래프를 두 개 사용할 수 있다.
우리가 함께 작업했던 한 그룹은 프로세스에 대한 만족도는 높았으나 제품

그림 5.4 이 막대그래프에 보이는 자료를 통해 팀원들은 공동 작업을 얼마나 잘했는지에 대해 서로 다르게 생각하고 있다는 사실을 확인했다. 이로써 이에 대해 토론을 할 기회가 생기는 것이다.

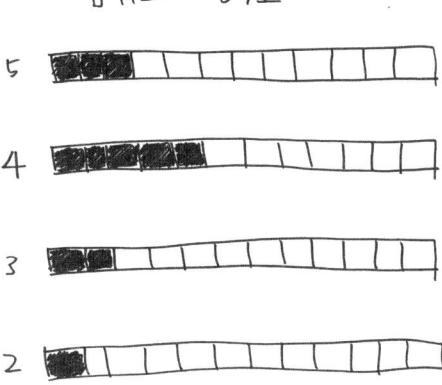

결과에 대한 만족도는 낮았다. 또 정반대로 어떤 그룹은 제품에 대한 만족도는 높았으나 제품을 만들기 위해 수행했던 프로세스에는 만족도가 낮았다.

첫 번째 경우에 팀원들은 감정이 상하지 않으려고 제품에 대한 자신들의 불만을 숨겨 왔다. 막대그래프를 본 후 팀은 어떻게 하면 서로 마찰을 피할 수 있을지를 솔직하게 토론했다. 몇 차례 이터레이션을 거치면서 팀원들은 서로 좀 더 직접적으로 이야기할 수 있었다. 두 달 후 다시 조사했을 때 제품과 프로세스에 모두 더 높은 만족도가 나왔다.

두 번째 경우(제품에는 만족하지만, 프로세스에는 만족하지 못했던 팀)는 팀이 사용하고 있는 공학적 실천법을 점검하고 방법을 개선할 실험 방법을 몇 가지 골라냈다.

5.7 활동 – 팀 레이더

이터레이션, 릴리스, 프로젝트 회고를 진행할 때 자료를 모으는 단계에서
사용한다.

목적

팀이 자기 자신들의 공학적 실천법이나 팀 가치, 그 외에 다른 프로세스 등
에서 얼마나 작업을 잘 했는지 측정하도록 돕는다.

필요시간

15분에서 20분 정도 소요된다.

내용

팀원들은 자신들이 확인하고 싶은 프로세스나 개발 실천법에 관련된 특정
요소들에 개인이나 그룹별로 점수를 매기고, 시간이 지날수록 점수가 어떻
게 변하는지를 계속 추적한다.

수행 순서

1. 다음과 같은 말로 활동을 시작한다. "우리는 작업에서 [적당한 요소를
   채워 넣는다]이 중요하다는 점에 모두 동의했습니다. 우리가 얼마나 잘
   수행했는지 0부터 10까지 숫자로 평가해 보겠습니다. 0은 전혀 아무것
   도 이루어지지 않았음을 뜻하고 10은 할 수 있는 모든 것을 다 했다는
   의미입니다."

2. 빈 레이더 그래프가 그려진 플립 차트를 붙여 놓는다. 팀원들은 레이더
   선마다 적혀 있는 각 요소에 대한 순위를 마커로 표시한다.

3. 각 요소가 팀 작업에 어떻게 영향을 미쳤는지 짧게 토론한다. 다음과
   같은 질문을 던져 보는 것도 좋다.

   • 어디에서 우리가 [적당한 요소를 채워 넣는다]를 잘 따르고 있다는
     걸 알았습니까?

그림 5.5 이 팀은 자신들이 팀 가치를 얼마나 잘 따르고 있는지 측정하는 데에 그룹 평균 레이더 (Group Average Radar)를 사용했다.

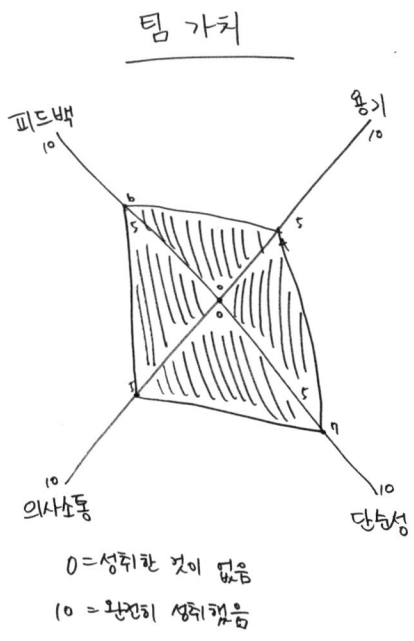

- 어디에서 우리가 [적당한 요소를 채워 넣는다]를 잘 따르고 있지 못하다는 걸 알았습니까?

  이어서 요소마다 토론을 하며 통찰을 이끌어낸다.

4. 완성된 플립 차트 그래프를 챙겨 둔다. 두세 차례 이터레이션을 거친 후 이 활동을 다시 진행해 이전 차트와 어떻게 상황이 변했는지 비교할 수 있다.

준비물

플립 차트나 화이트보드, 마커.

만약 팀이 레이더가 그려진 차트를 사용해 무엇을 측정할지 사전에 알고 있다면, 미리 선을 그리고 옆에 각 요소의 이름을 먼저 적어 놓는다(그림 5.5 참고). 회고 도중에 무엇을 측정할지 브레인스토밍할 경우에는, 회고를 진행하면서 레이더 차트를 그린다.

응용

이 활동을 통해 많은 서로 다른 요소를 측정해 볼 수 있다. 가령 공학적인 실천법, 팀 가치, 작업 규칙, 방법론 등을 예로 들 수 있다.

그룹 평균 레이더 이 응용 방법은 특정 수치를 한 번 더 가공한다. 레이더 차트를 사용하기는 하지만, 개인의 반응을 수집하는 대신 각 요소에 대한 그룹의 평균 점수를 계산한다. 수행 과정은 다음과 같다.

각 팀원에게 색마다 하나의 요소를 나타내는 카드 묶음을 나누어 준다. 사람들에게 각 요소에 대해 0부터 10사이로 점수를 매겨 달라고 요청한 후 카드를 회수한다. 카드를 받으면 색깔별로 섞어 누가 어떤 카드를 제출했는지 모르게 한다.

각 점수의 평균을 계산할 팀원을 한 명 선발한다. 레이더 위에 평균값을 적는다. 점을 연결하고 그 내부에 색을 칠한다(색은 칠해도 되고 안 해도 된다).

각 팀원에게 서로 다른 색으로 이루어진 인덱스카드 묶음을 나눠 준다. 이때 한 색상에는 한 가지 측정할 요소의 이름을 적어 놓는다. 예를 들어, 만약 여러분이 팀 가치를 측정한다면(그림 5.5 참고) 모든 녹색 카드 뒷면에 "의사소통"이라고 적고, 모든 파란 카드 뒷면에 "용기"라고 적는 것이다. 즉, 팀원들은 전부 측정할 요소가 적힌 카드 묶음을 받게 된다.

사례

팀 레이더는 토론을 이끌어낼 목적으로 쓰는 주관적인 측정법이다. 특히 이 활동은 측정할 대상에 대한 공통 정의나 기준이 없다고 의심될 때 유용하다.

예를 들어, 어떤 팀은 리팩터링을 포함한 몇몇 공학적 실천법을 팀원들이 어떻게 느끼고 있는지 알아볼 목적으로 레이더를 사용했다. 한 팀원은 리팩터링에 8점을 줬고 다른 팀원은 3점을 줬다. 바로 이어지는 토론을 통해 각자가 리팩터링에 대해 생각하는 게 다르다는 사실을 알게 됐다. 게다가 리팩터링에 높은 점수를 준 팀원은 자신이 충분히 리팩터링을 하지 않아서 속도가 늦어진 거라고 말하는 바람에 리팩터링에 낮은 점수를 주었던 팀원은 기분이 상하기도 했다. 회고가 끝날 무렵 팀은 리팩터링에 대한 공통 정의를 이끌어낼 수 있었다. 이터레이션을 거듭 거치면서 팀은 리팩터링할 때 더 일치감을 느낄 수 있었고 서로를 향한 분노도 수그러들었다.

5.8 활동 - 끼리끼리

이터레이션, 릴리스, 프로젝트 회고를 진행할 때 자료를 모으는 단계에서
사용한다.

목적

팀원들이 이터레이션(릴리스, 프로젝트) 기간 동안 경험한 것을 회상하면서,
다른 사람들이 다르게 이해했을 수도 있는 점에 대해 이야기를 들어 본다.

필요시간

30분에서 40분 정도다.

내용

팀원들은 돌아가면서 이번 이터레이션에서 어떤 사건이나 요소가 속성 카
드(quality card)[3]에 가장 잘 맞는지를 평가한다. 모든 카드에 대한 평가가 끝
나면 팀원들은 같은 사건이나 상태에 대해 다른 사람들이 어떻게 생각했는
지를 학습할 수 있다.

수행 순서

1. 사람들에게 최소한 9장의 인덱스카드에 끼리끼리 게임을 할 내용을 적
   어 달라고 한다. 그만 둘 것, 계속 지켜나갈 것, 새로 시작할 것을 각각
   세 장 이상 적는다. 팀원들이 게임카드를 적는 동안, 속성카드를 섞어
   테이블 위에 뒤집어 놓는다.

2. 게임 카드가 다 준비되면 사람들에게 탁자 주위에 둥그렇게 서달라고
   요청한다. 시작할 때 '판사'를 한 사람 뽑는다. 판사는 속성카드 뭉치
   에서 카드를 하나 뽑아 탁자 위에 내용이 보이게 뒤집어 놓는다. 다른
   팀원들은 자신의 게임 카드 중에서 속성카드와 가장 비슷한 카드를 찾

---

3 (옮긴이) 어떤 상태를 나타내는 형용사가 적힌 카드를 말한다. 이번 절의 '준비물' 참고.

아서 탁자 위에 뒤집어 놓는다. 가장 늦게 내려놓는 사람은 실격이 되어 낸 카드를 다시 가져가야 한다. 이렇게 해야 게임이 원활하게 진행된다.

3. 판사는 사람들의 카드를 뒤섞고 하나씩 뒤집으면서 내용을 읽는다. 속성카드와 가장 비슷한 내용을 적은 카드를 정하면, 그 카드를 작성한 사람이 속성카드를 가진다.

4. 판사 역할은 왼쪽 사람이 이어 받아 다른 속성카드를 뒤집는다. 이러한 과정이 6~9차례 진행되면 (혹은 모든 사람이 카드를 다 사용했으면) 게임이 끝날 것이다. 가장 많은 속성 카드를 보유한 사람이 이긴다.

5. 결과를 네 단계 공유 방법(3장. 「회고 진행하기」의 65쪽 참고)을 사용해 공유한다.

준비물

'사과 대 사과(Apples to Apples) 게임'[4]을 구입하거나 빌려 친구나 가족과 함께 즐기면서 '끼리끼리'의 아이디어를 얻는다.

참가자들이 사용할 검은 색 인덱스카드(참가자당 최소한 9개).

속성 카드를 노란 색(다른 색도 괜찮다)으로 20장 정도 준비한다. 한 장에 한 단어를 적는데, 단어는 '재미있는', '시간을 지키는', '깨끗한', '의미 깊은', '알맞은', '통합된', '교육적인', '재능 있는', '부드러운', '멋진', '빠른', '협력적인', '근사한', '믿을 수 있는', '위험한', '실망한', '비굴한' 과 같은 속성을 적는다. '시간을 지키는' 같이 진지한 단어와 '멋진(Cool)', '불쾌한(Nasty)' 같이 재미있는 단어도 포함시키면 팀원들이 예측할 가능성도

---

4 (옮긴이) 명사 카드를 7장씩 나눠 가지고 형용사 카드가 나올 때마다 적당한 명사 카드를 제시하며 이유를 설명하면, 가장 그럴듯한 이유를 말한 사람이 형용사 카드를 가져간다. 결국 형용사 카드를 가장 많이 가진 사람이 이기는 보드게임이다.

줄고, 한층 깊게 통찰하고, 더 즐겁게 진행할 수 있다.

응용

XP 프로젝트에서는 이 게임을 Industrial Logic XP 카드[5]와 함께 사용한다. XP 카드를 나눠 주면 사람들이 직접 카드를 적을 필요 없이 나눠준 카드를 "우리가 XX를 하는 방식 때문에 이 속성을 나타나게 했다."는 식으로 직접 이야기하며 사용할 수 있다(예를 들어 이번 주에 회의가 제대로 진행이 안 됐다면 '실망한' 카드에 대해 '계획 게임'을 사용할 수 있다. 반대로 통합에 어려움이 없었는데 '통합이 너무 오래 걸린다.' 카드는 사용할 수 없다).

사례

스토리지 소프트웨어를 개발하는 팀에서 릴리스 회고 때 끼리끼리 게임을 했다. 팀원들은 의사소통과 연구 절차에 대한 게임 카드들이 계속 바람직하지 않은 속성 카드와 일치된다는 점을 알게 되었다. 판사들은 스스로 일치한다고 선택한 카드와 팀원들이 일치한다고 주장한 게임 카드를 고려한 후, 팀원들은 어떤 식으로 결정과 의사소통이 이루어졌는지에 대해 이야기를 나누었다.

팀원들은 다음 릴리스에 대한 계획 회의에서 정한 실천 사항 중에서 가장 중요하게 생각하는 세 가지를 목록으로 만들었다. 그것은 서로 기대하는 바에 대해 핵심(core) 팀과 잘 의사소통하는 것과 내부 고객과의 만남을 늘리는 것과 새로운 팀원을 최대한 빨리 충원하는 것이었다. 팀원들은 또한 관리자에게 새로운 분산 프로젝트 팀들과 첫 회합을 하자고도 건의했다.

---

5 (옮긴이) XP전문기업 Industrial Logic에서 개발한 카드 게임이다. http://www.industriallogic.com/games/eppc.html 참고.

나부군 이야기 - 5.5.5와 시간축

자료 모으기 단계에서 내가 가장 많이 사용하는 활동은 시간축 활동과 5.5.5(Triple Nickles)이다. 보통 시간축 활동은 그 전에 경험해 보지 못한 방식이기 때문에 많은 사람들이 즐거워한다. 하지만, 팀이 자신의 의견을 앞에 나와서 표현하기 주저하는 분위기라면 5.5.5 활동으로 더 많은 자료를 도출할 수 있을 것이다.

실제로 한 팀은 초기에 인덱스카드로 하는 시간축 활동을 매우 재미 있어 했다. 하지만, 어느 날인가 사람들이 인덱스카드를 대하는 태도가 뭔가 시큰둥하고 질린 것 같은 느낌이 들었다. 그래서 다음 회고 때 5.5.5 활동을 처음 소개하고 수행했는데, 결과적으로 더 많은 항목을 도출할 수 있었다.

자료 모으기 단계에서는 자료의 수가 많이 나오는 것이 가장 중요하기 때문에 최대한 사람들이 기억을 잘 떠오르도록 도와주는 장치가 필요하다. 이럴 때 내가 주로 사용하는 방법은 먼저 소그룹 단위로 브레인스토밍을 한 후 개인적으로 더 생각나는 것을 적는 것이다.

팀이 작업 스케줄을 작성하고 유지하고 있다면 회고에 가져오게 하는 것도 좋은 방법이다. 사람들이 지난 회고 이후 작업한 내용을 스케줄을 보고 정리하면 당시 기억을 떠올리는 데 큰 도움이 된다.

5.5.5 활동은 군이 사람들이 5분 동안 작성하게 할 필요는 없다. 실제로 수

행을 하다 보면, 종이가 돌아갈수록 점점 필요한 시간이 줄어든다. 사람들의 상황을 잘 살펴보고 모두 작성이 끝난 것 같다면 굳이 5분이 안 되었더라도 종이를 돌리라고 한다.

06 통찰 이끌어내기

A g i l e
Retrospectives
Making Good Teams Great

팀은 통찰 이끌어내기를 통해 데이터를 평가하고 유용한 정보를 얻을 수 있다. 또한 자료들을 분석하고, 통찰을 이끌어내어, 내포된 의미를 찾아냄으로써 프로젝트를 진행하면서 맞닥뜨리는 변화에 대처할 능력을 기른다.

6.1 활동 – 브레인스토밍/필터링

이터레이션 회고나 릴리스 혹은 프로젝트 회고에서 통찰 이끌어내기 단계에 사용한다.

목적

우선 아이디어를 많이 모은 후, 미리 정의된 기준들을 토대로 아이디어를 추린다.

필요시간

40분에서 60분 사이다.

내용

전통적인 브레인스토밍 방법을 사용하여 아이디어를 모으고, 현재 상황에 적용할 수 있는지 판단한다.

수행 순서

1. 다음과 같이 활동을 소개한다. "우리는 평소에 생각하던 방식에서 좀 벗어날 필요가 있는 것 같아요. 이번에는 브레인스토밍을 해보겠습니다. 우선 새롭게 시도해 볼 방법들을 모은 다음에, 현재 상황에 가장 적합한 방법들을 걸러 봅시다."

2. 브레인스토밍 지침을 이야기한다(그림 6.1 참고).
   그룹마다 아이디어를 50개 정도 만들 것을 요청하고, 시간을 잰다. 보통 10분에서 15분이 걸린다.

3. 다음의 브레인스토밍 방법 가운데 하나를 선택한다.
   - 방법 1 - 자유롭게 참여한다. 사람들이 자기 생각을 마구잡이로 이야기한다.
   - 방법 2 - 순서대로 돌아가면서 이야기한다. 원으로 둘러 앉아 '이야기 막대'를 서로 돌려가며 브레인스토밍하는 방식이다. 해당 막대를

그림 6.1 브레인스토밍의 일반적인 지침

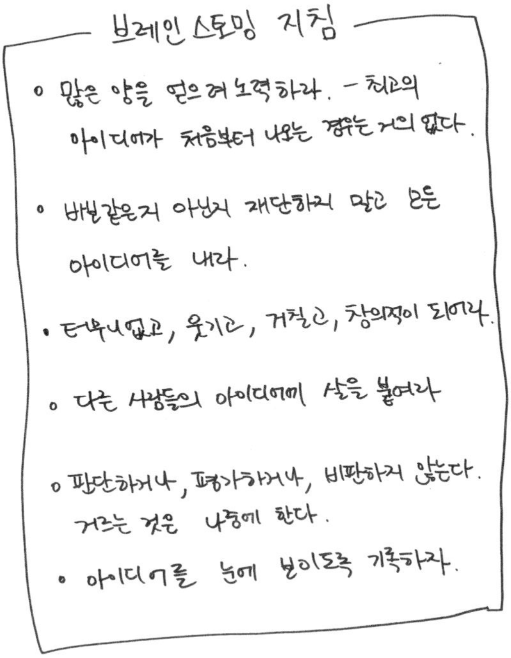

지닌 사람만 말할 수 있다. 자기 차례가 되었을 때 그냥 "통과"라고 해도 괜찮다.

- 방법 3 - 먼저 사람들에게 5분에서 7분 동안 조용히 개인적으로 생각 나는 것들을 종이에 적으라고 한다. 잠시 후에, 브레인스토밍 방법 1 이나 2를 사용해 적은 내용을 말한다.
- 여러분은 시간을 재다가, 시간이 다 될 때마다 사람들에게 알린다.

4. 이렇게 나온 아이디어들에 어떠한 필터를 적용해야 할지 사람들에게 물어보고 4가지에서 8가지 정도 의견을 받는다. 이렇게 나온 의견들에 대해 토론하고 거수로 가장 많은 지지를 받은 필터 네 가지를 선택한

다. 정해진 필터를 플립 차트나 화이트보드에 적는다.

5. 브레인스토밍에서 도출된 아이디어에 필터를 적용한다. 필터를 통과
   하지 못한 항목은 줄을 그어 제외시키고, 통과한 항목은 따로 표시한
   다. 필터마다 다른 색을 사용하자.

6. 필터 네 개를 모두 통과한 아이디어를 살펴본다.

7. 이렇게 나온 아이디어들에 대한 생각을 짧게 들어 본다. 진행시키고 싶
   은 아이디어나 혹은 자신이 해야겠다고 생각되는 아이디어가 있는지
   물어본다. 그런 아이디어가 있다면 해당 아이디어를 다음 단계에서도
   계속 진행시키고, 없다면 간단하게 투표를 해서 어떤 아이디어들로 진
   행할지 결정한다.

8. 선택된 아이디어들을 가지고 다음 단계인 '무엇을 할지 결정하기' 단
   계로 넘어간다.

준비물

브레인스토밍 지침 내용이 적힌 플립 차트, 아이디어를 적을 빈 플립 차트
나 화이트보드, 마커.

사용할 만한 필터의 예.

팀에 적합한 브레인스토밍 방법을 미리 결정한다.

사례

브레인스토밍은 이미 수년 동안 여러 사람들이 사용했기 때문에 잘 알려져
있는 방법이다. 전통적인 브레인스토밍 방식(방법 1)은 생각을 말로 쉽게 표
현하는 사람들 아니면 목소리가 큰 사람만 의견을 많이 낸다는 문제점이 있
다. 그렇게 되면 똑똑하고 창의적이지만 적극적이지는 못한 사람들이 의견
을 제대로 내지 못한다.

방법 2를 사용하면 자신의 생각을 말하기 어려워하는 사람들도 이야기할

수 있는 기회가 생긴다.

방법 3은 브레인스토밍 방법 1이나 2를 하기 전에 생각을 정리할 시간을 준다.

네 번째 응용 방법은 방법 3을 통해 아이디어를 모으고 그 내용들을 카드에 적는 것이다. 방법 3이 끝나면 사람들은 자신의 생각을 카드에 적고 회고 진행자에게 건넨다. 회고 진행자는 그 카드를 벽에 붙이고 읽는다. 아무리 말이 없는 사람이라 해도 아이디어를 종이에 적어 다른 사람이 읽게 하는 건 할 수 있다.

6.2 활동 – 역장(force field)[1] 분석

이 활동은 릴리스나 프로젝트 회고의 통찰을 이끌어내기 단계에서 실행 가능한 변화를 제안하는 활동으로 수행한다. 무엇을 할지 결정하기 단계에서는 계획을 세우는 연습으로 이 활동을 사용한다.

목적

조직 내에 있는 요소를 제안된 변화를 지지하는 것과 방해하는 것으로 구별한다.

필요시간

45분에서 60분 사이다. 문제가 얼마나 복잡한지와 인원수에 따라 달라진다.

내용

팀은 자신들이 달성하고 싶은 상태를 정의한다. 작은 그룹으로 나누어 자신들이 이루고 싶은 변화에 도움이 될 요소와 방해가 될 요소를 찾는다. 포스터에 각 요소를 적고, 변화에 도움이 되는 요소가 다른 긍정적 요소들과 비교하여 얼마나 영향력이 있는지 평가한다. 변화를 방해하는 요소에 대해서도 같은 과정을 밟는다. 그런 다음 팀은 도움이 되는 요소들 중 어떤 것을 강화할 수 있고, 방해하는 요소들 중 어떤 것을 약화시킬 수 있을지 의논한다.

수행 순서

1. 다음과 같이 활동을 소개한다. "이제까지 우리가 원하는 변화에 대해 알아봤습니다. 이제 성공적으로 변화시킬 차례인데, 그러려면 변화에 도움을 주는 요소와, 방해하는 요소에 대해 더 많이 이해해야 합니다."
2. 진행 과정을 설명한다.

---

1 (옮긴이) 독일 태생 미국 철학자 커트 레빈(Kurt Lewin)이 만든 원리로, 상황에 영향을 주는 요소들을 찾을 수 있게 한다. 여기서 말하는 요소는 목표를 이룰 수 있도록 도와주는 요소와, 목표를 이루는 데 방해가 되는 요소를 말한다.

팀을 작은 그룹으로 나눈다(한 그룹이 네 명을 넘지 않게 한다).

"각 그룹은 변화를 주도하고 원활하게 해주는 요소가 무엇인지 __ 분 동안 찾아보세요."

"그런 다음 돌아가면서 그룹마다 찾은 내용을 이야기하고 그 결과를 벽에 게시합니다. 변화를 제한하거나 방해하는 요소에 대해서도 같은 방식으로 반복할 겁니다."

"방해되는 요소까지 모두 표시했으면, 상반되는 두 요소 사이의 상대 적 힘을 분석하고 우리가 원하는 변화를 적용하려면 어떤 행동을 해야 가장 도움이 될지 토론합니다."

3. 시간을 재고, 활동 수위를 조절한다.

그룹이 두 부류의 요소를 선택하는 동안 여러분은 그림 6.2에 그려진 내용을 플립 차트에 그려 둔다(아직 내용을 채우지는 않는다).

4. 그룹이 변화에 도움을 주는 요소를 찾는 작업을 마치면, 돌아가면서 찾 아낸 정보를 모은다. 이때 요소를 하나씩 말하되 서로 중복되는 부분은 제외시킨다. 그렇게 되면 유일하고 독립적인 요소만 모이게 된다.

5. 변화를 제한하거나 방해하는 요소들에 대해서도 같은 작업을 수행한다.

6. 다시 그룹을 하나로 합치고 결과를 살펴보자. 각 요소가 서로 상대적으 로 끼치는 힘을 측정한다.

7. 가장 효율적인 행동을 취할 수 있는 요소를 찾는다.

• 변화에 도움을 주는 요소를 어떻게 강화할 수 있고, 변화를 방해하는 요소를 어떻게 완화할 수 있을지 의견을 모은다.

• 그룹이 원하는 상태에 도달하려면 변화에 도움을 주는 요소를 강화하 는 것과 변화를 방해하는 요소를 완화하는 것 중 어느 쪽이 더 나을지 도 질문해 보자.

그림 6.2 팀이 원하는 변화에 영향을 미치는 요소들을 역장 분석으로 점검할 수 있다.

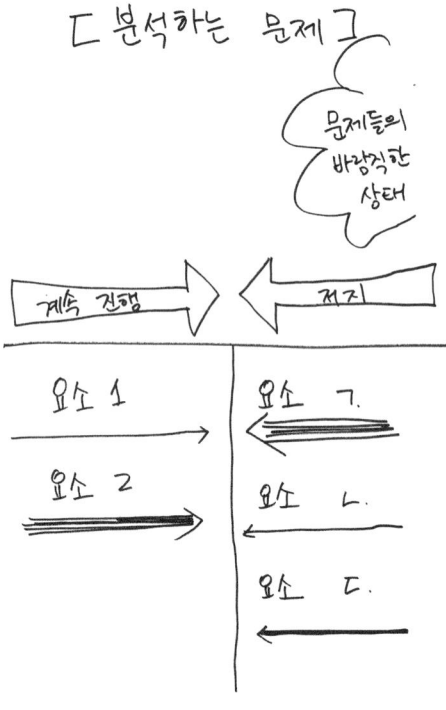

준비물

플립 차트나 화이트보드. 마커. 앞서 제안된 개선 사항 목록이나 '통찰 이끌어내기' 단계에서 하는 '다섯 번 질문하기', '생선가시'같은 다른 활동에서 도출된 변화 가운데 분석할 만한 것을 찾아본다.

사례

역장 분석은 여러분 팀이 회고에서 실제로 일어난 변화들을 확인하는 도구 중 하나다. 역장 분석 활동은 영향과 통제에 대한 토론과 병행하는 것이 좋다. 팀이 변화를 이루는 데 직접적으로 무엇을 통제할 수 있는가? 직접 통제할 수 없는 부분은 무엇인가? 그럴 때는 어느 지점에서 영향력을 행사할 수 있는가? 대부분의 팀은 현재 상황을 바꾸는 데 자신들이 실감하는 것보다 더 많은 영향력을 행사할 수 있다. 그러나 그렇다 해도 자신들의 영향력을 가장 효율적으로 사용할 방법과 시점에 대해 생각해 봐야 한다. 역장을 분석하면서 팀원들은 가장 큰 지렛대 효과가 일어나는 지점을 더욱 명확히 분별해낼 수 있다. 때로는 자신들이 원하는 결과를 내려면 문제가 되는 형세를 바꾸는 데 더 많은 노력이 필요하다는 것을 알 수 있다. 또 어떤 때는 그 문제들에 대항하는 힘들을 한데 모아 문제를 해결하도록 결정할 수 있다.

회고를 통해 자신들의 제품 소유자(product owner)[2]와 의사소통하는 방식을 변경하고 싶어하는 팀이 있었다. 그 팀은 이터레이션 동안 서로 만나고 의사소통하는 데에 제한이 있다는 불만을 품고 있었다. 제품 소유자가 질문에 대답을 할 때는 며칠씩 걸리기도 했다.

역장 분석 포스터를 그려 상황을 분석하기 전에는 제품 소유자의 출장 일정과 만날 수 있는 시간은 자신들의 권한 밖이라고 생각했다. 역장 분석 포스터를 그린 후, 마케팅 부사장에게 자신들이 우려하고 있는 바를 설명하는 것이 최대한으로 영향력을 미칠 수 있는 방법이라는 것을 알게 됐다. 하지만 마케팅 부사장 역시 제품 소유자와 마찬가지로 살인적인 출장 일정이 있었다.

팀원들은 부사장을 찾아다니는 데에 자신들이 감당할 수 있는 것보다 더 많은 노력을 소모한다고 판단했다. 그래서 제품 소유자와의 적은 만남에서 가능한 한 최대로 많은 정보를 얻도록 계획을 세웠다. 즉, 직접 역장 포스터를 그려봄으로써 팀원들은 자신들이 통제하기 힘든 부분을 확인하고, 가장 효율적으로 영향력을 행사할 방법을 찾도록 눈을 돌리게 되었다.

---

2 스크럼에는 세 가지 역할 모델이 있다. 제품소유자는 그중 한 역할로서 팀에서 만드는 제품의 비즈니스 가치를 판단하고, 고객과 개발팀을 연결해 주는 역할을 한다.

6.3 활동 - 다섯 번 질문하기

이터레이션, 릴리스, 프로젝트의 회고를 시행할 때 통찰을 이끌어내는 단계에서 사용한다.

목적

문제의 근본 원인을 찾아낸다.

필요시간

15분에서 20분 사이다.

내용

팀원들은 둘씩 짝을 짓거나 작은 그룹으로 나뉘어서 문제점을 찾는다. "왜?"라는 질문을 다섯 번 정도 거듭하다 보면, 습관에 젖은 생각에서 벗어나는 데 큰 도움이 된다.

수행 순서

다음과 같이 활동을 소개한다. "지금까지 그동안 무슨 일이 있었는지 알아보았습니다. 이제부터 왜 그런 일이 일어났는지 알아봅시다."

1. 팀이 이미 알아낸 문제와 주제를 살펴본다.
2. 팀을 두 명씩 짝을 짓거나 작은 그룹으로 나눈다. 이때 그룹은 네 명을 넘지 않게 한다. 그룹을 만든 후 진행 과정을 설명한다.
   "한 사람이 다른 사람(들)에게 그 사건 혹은 문제가 왜 발생했는지 물어보세요. 상대방이 대답을 하면 그 대답에 대해 질문자는 왜 그 일이 발생하게 되었는지 다시 묻습니다."
   "왜?"라는 질문을 네다섯 번 거듭하고 대답을 매번 기록하세요."
3. 시간이 다 되면 종을 울리거나 사람들에게 마칠 시간이라고 말한다.
4. 각 그룹이 알아낸 사실들을 발표한다.

5. 이 정보를 다음 단계인 '무엇을 할지 결정하기'에서 초기 자료로 사용한다.

준비물

이 활동을 잠재적 문제나 주제를 뽑아내는 활동과 함께 사용한다. 예컨대, '패턴과 변화'가 있겠다.

사례

다음은 이터레이션 점검 회의(review meeting)를 한 번도 제시간에 시작한 적이 없는 팀의 경우다.

Q1. 왜 우리는 목요일 점검 회의 시작 시간이 늦어질까?

A. 장소가 마련되지 않았다.

Q2. 왜 장소가 마련되지 않았나?

A. 장소를 준비하는 시간을 회의 계획에 넣는 것을 잊어버렸기 때문이다.

Q3. 왜 회의 계획에 장소 준비하는 시간을 넣는 걸 잊어버렸나?

A. 찰리가 아팠기 때문이다. 항상 그가 장소를 준비했다.

Q4. 왜 찰리 혼자 장소 준비를 했나?

A. 우리는 장소 준비가 중요하다고 생각하지 않았다.

Q5. 왜 우리는 장소 준비가 중요하다고 생각하지 않았나?

A. 이렇게 시간 낭비를 하게 될지 몰랐기 때문이다. 하지만 이제 알았으므로 장소 준비 항목을 준비 체크리스트에 추가할 것이다.

6.4 활동 – 생선가시

비교적 긴 이터레이션, 릴리스, 프로젝트 회고의 통찰을 이끌어내는 단계에서 사용한다.

목적

문제의 근본 원인을 알아내기 위해 과거에 나타났던 징후들을 살핀다. 문제와 취약점이 생긴 이유를 찾는다.

필요시간

30분에서 60분 사이다.

내용

팀은 문제 상황을 야기하거나 그 상황에 영향을 미친 요소들을 파악한 다음, 가장 관련된 요소들을 찾아낸다. 그런 다음에 요소에 변화를 주거나 영향을 끼칠 수 있는 방법을 찾는다.

수행 순서

1. 생선가시 다이어그램을 그리고 생선의 머리 부분에 문제를 적는다(그림 6.3 참고). 누가, 언제, 어디서, 무엇을, 왜라는 다섯 가지 범주를 가시 부분에 적는다. 아니면 다음에 나오는 다른 종류의 범주를 적어도 된다. 일반적으로 사용하는 범주는 다음과 같다.

- 방법(Methods), 기계(Machines), 재료(Materials), 직원(Staffing, 인적자원(Manpower)이라고도 한다).
- 장소(Place), 절차(Procedure), 사람(People), 정책(Policies)
- 주위 환경(Surroundings), 지원(Suppliers), 시스템(Systems), 기술(Skills)

  위의 범주들을 다양하게 조합할 수 있고, 팀만의 범주를 새로 만들어도 된다.

2. 각 범주 내에서 영향을 끼친 요인이 무엇인지 브레인스토밍한다. 다음

그림 6.3 생선가시 다이어그램을 사용해 근본 원인을 찾을 수 있다.

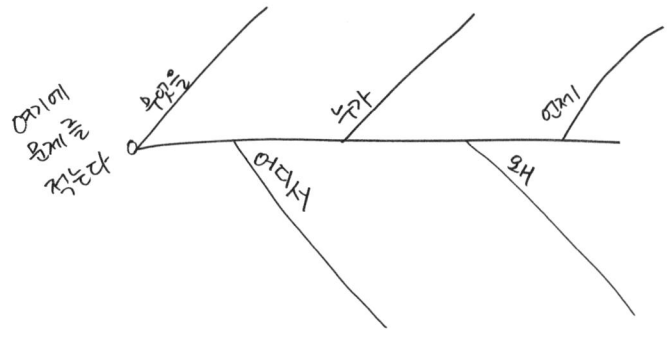

질문으로 진행을 계속한다. "[여기에 문제 이름을 적는다]의 원인이 되거나 영향을 미치는 [여기에 범주 이름을 적는다] 내에 해당되는 문제는 무엇인가요?" 모든 범주에 대해 이 과정을 반복한다. 사람들이 이야기하는 내용을 가시 옆에 적거나 사람들에게 작은 포스트잇에 내용을 적게 하여 생선가시 다이어그램에 붙인다.

3. "이 일이 생긴 원인은 무엇인가요?"라는 질문을 반복한다.

필요하면 뼈에 가시를 추가해 그린다.

문제의 원인이 팀의 통제 범위나 영향력 밖에 있다면 질문을 중단한다.

4. 하나 이상의 범주에 들어가는 원인 요소를 찾아본다. 이때 나온 항목들이 가장 중요한 요인일 가능성이 많다. 항목을 추려냈다면 사람들이 변화를 꾀할 수 있는 영역을 찾게 한다.

여기서 나온 결과들을 '무엇을 할지 결정하기' 단계에서 계속 사용한다.

준비물

마커, 포스트 잇.

문제 상황을 문장으로 정의한다. 언제, 어디서, 누가, 무엇을, 왜라는 질문을 추가해 사람들이 문제 상황을 더 잘 이해하도록 한다. 생선가시 다이어그램을 플립 차트나 화이트보드에 그린다. 예로 들 범주 목록을 작성한다.

사례

생선가시 활동은 문제의 근본 원인을 파헤칠 때 사용한다. 하지만, 거기서 멈춰서는 안 된다. 가시가 잔뜩 있고 범주로 가득한 다이어그램은 회고의 결과물이 아니다.

회고에서 드러난 문제가 대부분 팀의 통제력 밖에 있다고 생각된다면, 모든 문제의 근본 원인을 파헤치는 활동은 오히려 팀을 지치게만 만든다. 그럴 땐 다른 방법을 선택하자.

만약 좀 더 팀 내부에 관련되어 있고, 직접 통제할 수 있는 범위 내에 있는 문제라면, 생선가시에 적힌 문제와 부딪힘으로써 팀원들은 활력을 얻을 수 있다.

예를 들어, 2주의 이터레이션 동안 빌드가 다섯 번 깨진 팀이 있다. 회고 진행자는 팀이 상당히 좌절한 상태임을 알고 있었지만, 그 망가진 빌드는 회고에서 가장 중요한 주제였다. 회고 진행자는 생선가시 활동을 소개하면서 가시마다 '기술', '시스템', '주위 환경', '직원' 이라는 이름을 붙였다.

팀은 두세 명씩 작은 그룹을 이뤄 각 범주에 대한 내용을 포스트잇에 적는 일에 집중했다. 곧 물고기가 포스트잇 비늘로 뒤덮였다.

적힌 내용을 읽고 나서, 두 가지 근본 원인을 찾아냈다. 경험 없는 팀원이 혼자 작업했던 것(기술 범주와 직원 범주 둘 다에 나타났다)과 빌드하고자 컴파일하는 동안 새로운 코드를 작성했던 것(시스템 범주와 주위 환경 범주 둘 다에 나타났다)이다. 모두 즉시 새로운 팀원에게 조언자를 붙이고 짝을 지어 함께 코드를 짜는 데 동의했다. 팀원들은 둘째 원인에 더 주위를 기울여야 한다고 보고, 이를 실행 계획(action planning)의 주제로 삼기로 결정했다.

6.5 활동 – 패턴과 변화

이터레이션, 릴리스, 프로젝트 회고에서 통찰을 이끌어내기 단계에 시각적인 자료를 모으는 활동과 함께 사용한다. 그러한 활동으로는 예컨대 '시간축'이나 '화남, 슬픔, 기쁨'이 있다.

목적

사실과 감정 사이의 연관성을 찾아본다. 이터레이션(혹은 릴리스나 프로젝트)에 대한 자료를 분석한다. 이 활동을 통해 현재 문제를 해결하는 데 도움이 될 만한 어떤 패턴을 인식하고 그 패턴에 적절한 이름을 붙일 수 있다.

필요시간

15분에서 60분 사이다. 인원수나 자료량에 영향을 받는다.

내용

이 활동은 자료를 모은 후 그 내용을 잘 분석하고 사건, 행동, 감정에 대한 패턴을 찾을 수 있도록 도와 준다. 또, 변화가 일어난 시점도 찾는다. 예를 들어 모든 일이 매끄럽게 진행되다가도 갑자기 활력이 떨어지는 경우가 있다. 여기서 얻은 통찰을 플립 차트에 적거나, 시간축을 사용하고 있다면 시간축에 바로 적는다.

수행 순서

1. 다음과 같이 활동을 소개한다. "이제까지 이터레이션(혹은 릴리스나 프로젝트)의 그림을 그려 보았습니다. 이 자료에서 어떤 패턴과 정보를 찾을 수 있는지 알아봅시다."

2. 돌아다니다가 어떻게 할지 모르는 그룹에게는 예를 보여 준다.

3. 한 번에 하나의 영역에 집중하고, 그룹에게 자료에서 무엇을 알아냈는지 묻는다. 사람들이 말하는 내용을 시간축이나 별도의 플립 차트에 적는다. 한 영역에 대한 조사가 끝나면 다음 영역을 다룬다.

4. 전체 그림을 보고 그룹에게 다음과 같이 질문한다.

- 사건 사이에 연관 관계가 보이는 부분은 어디입니까?
- 패턴이 보이는 부분은 어디입니까? 그 패턴에 어떤 이름을 붙일 수 있을까요?
- 변화가 일어난 곳은 어디입니까? 해당 변화에 어떤 이름을 붙일 수 있을까요?

다시 한 번 시간축이나 플립 차트에 내용을 작성한다.

5. 발견된 패턴과 변화를 다시 살펴보고 그룹에게 다음 질문을 던진다.

- 우리가 현재 당면한 문제에 이 패턴들이 어떤 도움을 줄 수 있습니까?
- 이 변화를 통해 우리가 현재 당면한 문제에 대해 무엇을 알 수 있습니까?

6. 가장 중요한 것을 선택해 회고의 다음 단계인 '무엇을 할지 결정하기'에서 다룬다.

준비물

마커와 플립 차트용 종이나 카드.

이 활동은 '시간축' 혹은 '화남, 슬픔, 기쁨' 같은 시각적인 자료를 모으는 활동이 끝난 후에 수행한다.

6.6 활동 – 점 투표로 우선순위 매기기

이터레이션, 릴리스 혹은 프로젝트 회고의 '통찰을 이끌어내기' 나 '무엇을 할지 결정하기' 단계에서 사용한다.

목적

다양한 변화와 제안으로 구성된 긴 목록에서 우선순위를 매기기 위해 사용한다.

필요시간

5분에서 20분 사이다. 선택 사항 개수와 인원수에 영향을 받는다.

내용

팀원들이 주요 문제, 아이디어, 제안에 대한 우선순위를 매긴다.

수행 순서

다음과 같이 활동을 소개한다. "지금까지 우리가 제안했던 것들을 모두 추진할 수는 없습니다. 그러므로 무엇을 가장 우선으로 다룰지 알아보겠습니다."

1. 각 팀원에게 점 스티커 열 개씩 나누어 준다. 다음과 같은 방법으로 점 스티커를 붙인다.
   - 첫 번째 우선순위에 점 네 개
   - 두 번째 우선순위에 점 세 개
   - 세 번째 우선순위에 점 두 개
   - 네 번째 우선순위에 점 한 개

   점이 어떻게 할당되었는지 살펴보고 재고의 여지가 있는 항목이 있다면 다시 점검한다.

2. 재고의 여지가 있는 항목에 다시 투표할 시간을 몇 분 더 준다(그림 6.4 참고).

3. 각 항목에 붙어 있는 점의 개수를 세어 항목 옆에 숫자를 적는다.

4. 압도적으로 표를 받은 항목이 있다면 사람들에게 그 항목을 다음 단계에서 다룰지 물어본다.

   상위에 동률을 이룬 항목들(같은 점수를 받은 항목 4개 이상)이 있고 모든 문제를 추진하는 것이 불가능하다면, 그룹에게 상위의 항목들이 높은 점수를 받은 이유를 토론할 것을 요청하고, 투표를 다시 진행한다(구별되도록 다른 색 스티커로 하는 편이 좋다).

응용

사람들에게 점 스티커를 열 개씩 배분하는 대신 전체 항목의 대략 1/3에서 1/2의 수량을 나누어 준다. 그런 다음 자기 마음대로 점을 붙이도록 한다. 한 항목에 스티커를 모두 붙여도 되고, 하나만 붙여도 된다.

더 신중하게 투표하도록 점 스티커를 더 적게 나누어 줘도 된다.

준비물

점 스티커. 다시 투표할 경우를 대비해 두 가지 색을 준비한다.

사람들에게 마커로 표시하게 할 수도 있지만, 점 스티커가 더 재미있고 개수를 세기도 쉽다.

사례

점 투표는 과학적인 방법이 아니므로, 과학적인 자료를 만들 때는 이 활동을 이용하지 않는다. 점 투표는 그저 너무 많은 목록에서 수행할 부분을 가려내는 방법일 뿐이다.

또한 우리는 어떤 질문을 하는가에 따라 매우 다른 결과가 나온다는 사실을 알았다. 다음과 같이 응용된 질문들도 생각해 보자.

- 작업을 계속하는 데 가장 중요한 변화는 무엇입니까?
- 가장 충격이 크리라 예상되는 변화는 무엇입니까?

그림 6.4 점 투표를 해서 우선순위를 매기는 활동은 긴 목록의 항목들 가운데 다음 단계에서 수행할 것을 선별하도록 도와준다.

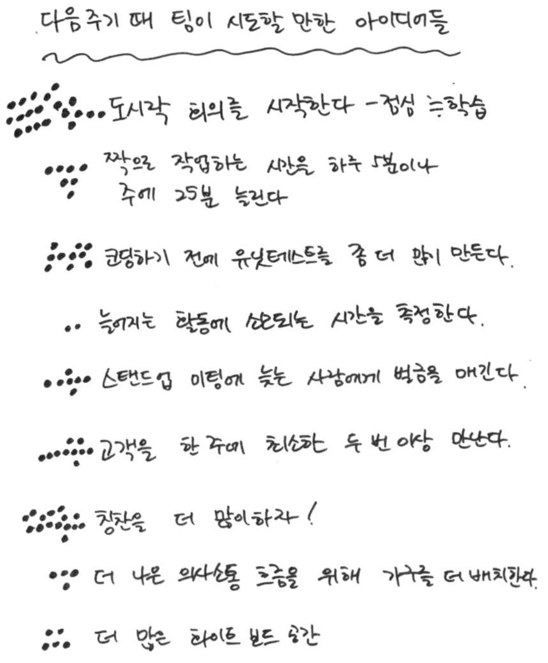

다음주기 때 팀이 시도할 만한 아이더어들

- 도시락 회의를 시작한다 -점심 늦학습
- 짝으로 작업하는 시간을 하루 5분이나 주에 25분 늘린다
- 코딩하기 전에 유닛테스트를 좀 더 많이 만든다.
- 늦어지는 활동에 소요되는 시간을 측정한다.
- 스탠드업 미팅에 늦는 사람에게 벌금을 매긴다.
- 고객을 한 주에 최소한 두 번 이상 만난다.
- 칭찬을 더 많이하자!
- 더 나은 의사소통 흐름을 위해 가구를 더 배치한다.
- 더 많은 화이트 보드 공간

• 가장 하고 싶은 일은 무엇입니까?

만일 '가장 중요한 변화'나 '가장 충격이 큰 변화'에 대한 질문에 점 투표를 하고 싶은 사람이 없다면, 그 상황 자체가 논의의 대상이다. 사람들은 어떤 항목을 중요하다고 생각하지만 작업하고 싶지는 않을 수 있다. 활력 있게 진행하자. 그룹은 자신들을 지원해 줄 행동이나 결정을 기다리고 있을 것이다. 최선의 방법은 팀이 스스로 시작할 작업을 선택하는 것이다.

6.7 활동 - 종합하여 발표하기

이터레이션, 릴리스, 프로젝트 회고의 통찰을 이끌어내기 단계에서 쓰인다.
작은 그룹에서 행하는 분석 활동과 함께 사용한다.

목적

작은 그룹에서 시작해 전체 그룹으로 점점 대상 범위를 넓혀가며 생각과 아
이디어를 공유한다. 공통 주제들을 찾고 전체 그룹을 활력 넘치게 만들 아
이디어를 찾는다.

필요시간

20분에서 60분 사이다. 이는 작은 그룹이 몇 개나 있는지 그리고 계획된 발
표 시간이 어느 정도인지에 영향을 받는다.

내용

작은 그룹들은 각각 작업한 내용을 전체 그룹과 공유한다. 회고 진행자는
진행 상태 막대를 사용해 발표자가 제한된 시간 안에 공유를 끝낼 수 있도
록 한다. 마지막 발표가 끝나면 공통점과 공통 주제를 찾아 그 주제로 계속
작업할지 여부를 정한다.

수행 순서

1. 다음과 같이 활동을 소개한다. "각 팀에서 알아본 내용을 모든 사람에
게 발표하겠습니다. 모든 팀의 이야기를 들어야 하기 때문에 그룹마다
발표할 시간은 n분씩 주어집니다. 진행 상태 막대에 1분마다 표시를 하
니, 진행 상태 막대를 보면 시간이 얼마나 남았는지 알 수 있을 것입니
다. 발표가 끝난 후 질문을 받는 시간 역시 n분입니다. 이때도 물론 진
행 상태 막대를 사용합니다."

2. 시간에 주의를 기울이자. 팀이 시간을 넘기지 않는지 잘 살펴보면서 1

그림 6.5 이처럼 남은 시간을 시각적으로 나타내는 진행 상태 막대는 사람들이 발표 시간을 지킬
         수 있도록 해준다.

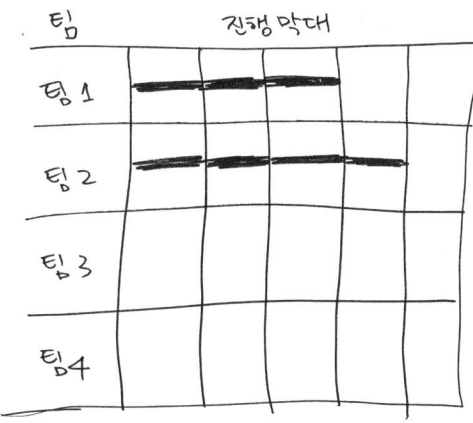

분이 지날 때마다 막대에 표시한다. 누군가 n분을 넘기려고 하면, "시
간이 다 됐습니다. 1분 내로 결론을 내주세요."라고 말한다.

3. 마지막 그룹의 발표까지 끝나면, 플립 차트 내용을 정리하고 들었던 내
   용을 다시 한 번 생각해 보길 요청한다. 내용 간에 공통점이 있는지 물
   어보고 그 내용을 플립 차트에 적는다.

4. 사람들이 공통점을 발견한 후, 다음과 같이 질문한다.
   • 어떤 아이디어에 달려들고 싶은 열정이 느껴지나요?
   • 그 아이디어들은 어떤 면에서 열정을 느끼시는 건가요?
   • 성공할 가능성이 가장 큰 아이디어는 무엇인가요?
   • 이 아이디어들에 대한 전반적인 느낌은 어떻습니까?
   • 다음 이터레이션에 시도해 보고 싶은 아이디어는 무엇입니까?

5. 우선순위가 높은 아이디어들을 추려 '무엇을 할지 결정하기' 단계에서
   사용한다.

준비물

팀마다 진행 상태 막대를 미리 그려 놓은 플립 차트(그림 6.5 참고). 검은색이 아닌 마커를 사용해야 하는데, 사람들은 자신의 이름이나 팀 이름 옆에 검은색으로 표시하면 굉장히 싫어하기 때문이다. 어두운 분홍이나, 오렌지색 마커를 사용할 기회다.

사례

시간을 지키지 않는 사람들이 몇몇 있다. 하지만 우리는 이 활동을 통해 시간을 재면 사람들이 정해진 시간 내에 내용을 모두 끝낸다는 사실을 알 수 있었다. 실제로 사람들은 시간이 흐르고 있음을 자각하면 생각을 좀 더 정리해 남아 있는 시간에 말할 필요가 있는 것만 말한다.

6.8 활동 - 주제 파악하기

비교적 긴 이터레이션, 릴리스, 프로젝트 회고의 통찰을 이끌어내기 단계에서 '강점 알아내기'를 수행한 후에 사용한다.

목적

'강점 알아내기' 인터뷰에서 공통점을 찾는다. 시도, 변화, 추천에 대해 매력적인 아이디어를 찾는다.

필요시간

한 시간에서 두 시간 사이다.

내용

'강점 찾아내기' 인터뷰 후, 인터뷰했던 짝끼리 작은 그룹을 만들어 서로 인터뷰하면서 상대방에게 배운 점이 무엇인지 카드에 적어 발표한다. 중요한 부분을 발표할수록 팀원들은 공통적인 주제와 매력적인 아이디어에 대해 듣게 될 것이다. 주제에 대한 발표가 끝난 후 전체 그룹은 카드를 비슷한 부류끼리 분류하고, 그 가운데 한 묶음을 택한다. 그런 다음, 작은 그룹들은 선택된 묶음에 포함된 아이디어를 하나씩 골라 좀 더 내용을 명확하게 만든다.

수행 순서

1. 인터뷰가 끝나면, 인터뷰 짝을 둘, 셋씩 묶어 그룹을 네 개에서 여섯 개 정도로 만든다. 이때 인터뷰를 진행했던 짝은 함께 같은 그룹에 들어가야 한다.
2. 진행 과정을 설명한다.

   "인터뷰를 진행했던 사람은 인터뷰하면서 들었던 내용을 발표하세요. 모든 내용을 다 이야기할지 줄여서 말할지 고민하지 마세요. 인터뷰에서 들었던 인상적인 주제나 이야기, 인용문들을 말하면 됩니다."

"모든 이야기를 자세히 말하고 나면, 인터뷰에서 한 번 이상 나왔던 공통 주제에 대해 토론하세요. 매력적인 아이디어라고 생각되면 인터뷰에서 한 번밖에 언급되지 않았더라도 적어 두세요."

"아이디어를 큰 인덱스카드에 적습니다. 다른 사람들도 알아볼 수 있도록 또박또박 써주세요. 카드 하나에 아이디어를 하나씩 적습니다."

3. 각 그룹은 들었던 주제에 대해 발표하고 아이디어를 적은 카드를 벽에 붙이거나 바닥에 펼쳐놓는다.

4. 모든 그룹의 발표가 끝나면, 팀원들은 모두 나와 비슷한 종류의 카드끼리 분류한다.

5. 이렇게 분류한 카드 묶음 중에서 내용을 좀 더 다듬고 싶은 묶음이 있는지 물어본다. 이 가운데는 사람들이 전혀 선택하지 않는 묶음이 있을 수 있다.

6. 작은 그룹은 선택된 묶음 안에 포함된 아이디어를 하나씩 골라 내용을 좀 더 명확하게 만든다.

7. 작은 그룹들은 각각 자신들이 작업한 내용을 발표한다. 발표한 내용은 '무엇을 할지 결정하기' 단계에서 계획해 시도하고 권할 후보로 사용한다.

준비물

이 활동은 '강점 찾아내기' 인터뷰 활동 다음에 해야 한다.

큰 인덱스카드와 마커. 벽에 카드를 정렬할 수 있도록 떼었다 붙였다 할 수 있는 테이프

사례

예전에 우리는 규모가 큰 그룹과 함께 조직에 변화를 줄 방법을 찾는 작업을 한 적이 있다. 그때 그 그룹에 속한 한 무리의 사람들은 모든 문제를 쭉 적어

놓고 해결 방법을 찾는 것이 가장 좋은 방법이라고 주장했다. 우리는 그렇게 주장하는 사람들과 싸우지 않고 그 사람들에게 자신의 방법을 사용하게 했다. 그리고 나머지 사람들과는 인터뷰하고 주제를 찾는 활동을 했다.

두 시간 후 그 문제-해결 그룹은 지쳐 의욕이 없어지고 모든 기획을 포기하는 상태가 되었다.

반면 우리 그룹은 활력이 넘치고 희망에 차 있었다.

이것은 단순히 우연의 일치일까? 여러분의 판단에 맡기겠다.

6.9 활동 - 학습 매트릭스

이터레이션 회고의 통찰을 이끌어내기 단계에서 사용한다.

목적

팀원들이 자신들의 자료에서 무엇이 중요한지 찾도록 한다.

필요시간

20분에서 25분 사이다.

내용

각 자료를 네 가지 관점으로 보고, 이를 통해 팀원들은 여러 주제에 대해 신속히 브레인스토밍할 수 있다.

수행 순서

1. 자료에 대해 논의한 후, 플립 차트(그림 6.6 참고)를 보여 준다. 팀원들에게 플립 차트의 사분면들을 생각나는 대로 채우라고 말한다.

2. 회고 진행자는 각 아이콘에 대한 팀원의 생각을 차트에 추가할 때 적당한 위치에, 단어들은 가능한 한 붙여서 쓴다. 문장을 너무 길게 말하는 팀원들에게는 문장을 줄여 달라고 부탁한다. "차트에 적을 수 있도록 더 간단히 말해 주시겠어요?"

   (응용 - 각 팀원에게 포스트잇 묶음을 나누어 주고 포스트잇 한 장에 아이디어 하나를 적도록 한다. 그 다음 팀원들은 자신이 쓴 내용을 차트의 적절한 사분면에 붙인다. 회고 진행자는 모든 내용을 읽어 보고 포스트잇을 비슷한 내용끼리 분류한다.)

3. 아이디어가 나오는 속도가 느려지면 차트에 적힌 글들을 다시 살펴본다. 팀원들에게 다음과 같이 물어본다. "여기 적은 내용 중 빠진 것이 있나요? 앞으로 중요할 수 있다고 생각되는 내용 중에 우리가 적지 않

그림 6.6 학습 매트릭스는 통찰력을 빠르게 얻을 수 있는 방법이다.

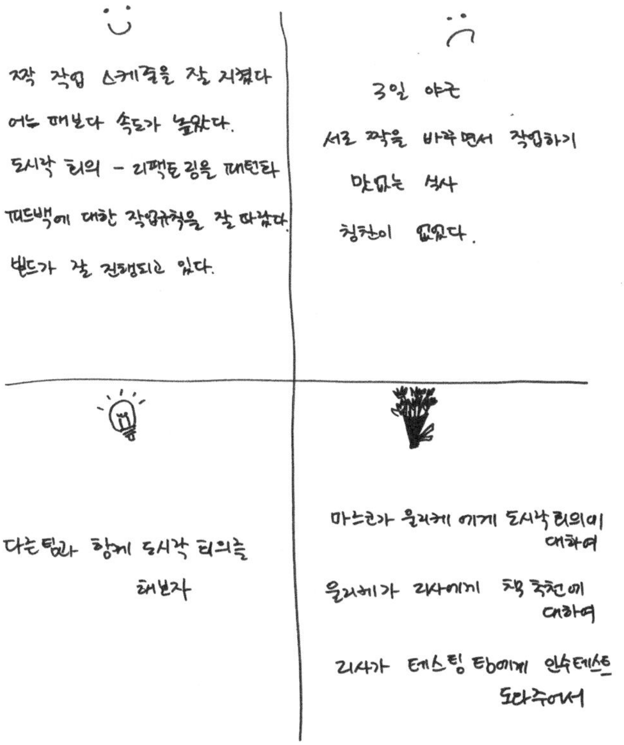

☺

작 작업 스케줄을 잘 지켰다
어느 때보다 속도가 높았다.
도시락 회의 - 리팩토링을 패턴다
피드백에 대한 작업규칙을 잘 따랐다
빌드가 잘 진행되고 있다.

☹

3일 야근
서로 작을 바꾸면서 작업하기
맛없는 식사
칭찬이 없었다.

💡

다른 팀과 함께 도시락 회의를
해보자

💐

마르라가 운지케에게 도시락 회의에
대하여
운지케가 리사에게 책 축천에
대하여
리사가 테스팅 탑에게 인수테스트
도와주어서

은 것은 무엇인가요?" 간단히 토론을 진행한 다음 필요한 내용을 추가
한다.

4. 팀원들에게 점 스티커를 6~10개 정도 나눠 준다. "다음 이터레이션에
가장 집중해야 한다고 생각되는 항목에 점 스티커를 붙여 주세요."(아
니면 사람들을 믿고 마커로 알아서 한정된 개수만큼 표시하라고 한다(honor
system).)

5. 높은 점수를 받은 항목들은 '무엇을 할지 결정하기' 단계에서 사용한다.

준비물

각 영역에 아이콘이 그려진 사분면들로 구성된 플립 차트를 준비한다(그림 6.6 참고). 각 아이콘의 의미는 다음과 같다. '웃는 얼굴'은 계속 진행하려는 일 중에서 우리가 잘했던 부분, '찡그린 얼굴'은 바꾸고 싶은 것, '불 켜진 전구'는 새롭게 도출된 아이디어, '꽃다발'은 고마운 사람을 나타낸다.

종이에서 떼어내기 쉬운 점 스티커를 6개에서 10개 정도 준비한다. 점 이외의 다른 모양으로 대체해도 된다. 문방구, 사무용품점에서 다양한 모양의 스티커를 구할 수 있다.

사례

통찰을 이끌어내기 단계에서 시간이 부족할 때 우리는 학습 매트릭스를 사용하기를 권한다. 60~90분 정도 진행되는 회고에서 자료 수집이 긴 토론으로 변해 예상보다 시간이 길어질 때가 있다. 충분히 토론하는 것도 중요하지만, 가능한 한 주어진 시간 내에 각 단계를 효율적으로 진행하는 편이 좋다.

사분면을 선 네 개로 나누면 자연스럽게 섹션마다 아이디어의 수가 제한된다. 사람들은 사분면마다 내용을 채울 테고 내용이 선을 넘으려 하면 더는 아이디어를 내지 않는다. 섹션이 다 차면 사람들에게 다음과 같이 묻는다. "'잘 진행된 것'에 반드시 추가해야 할 내용이 있다면 무엇이 있을까요?" 나온 내용은 제목 주변에 적는다. 이렇게 하면 중요한 아이디어를 놓칠 위험도 적고 계획한 시간을 지킬 수 있다.

이와 같은 식으로, 회고 끝내기 단계에서도 시간이 부족한 경우, 회고에 대한 피드백을 얻고자 학습 매트릭스를 사용할 수 있다. 사분면 네 개를 각각 회고하는 동안 팀이 경험한 내용, 즉 잘 진행된 것, 다른 식으로 시도해보고 싶은 것, 새로운 아이디어, 감사하는 것으로 채운다.

나부군 이야기 - 점 투표로 우선순위 매기기

나는 보통 자료 모으기 단계가 끝나면 점 투표로 우선순위를 매기는 활동을 진행한다. 이 활동을 통해서 회고에 참석한 사람들은 팀원들이 현재 가장 중요하게 생각하는 문제가 무엇인지 파악할 수 있다. 하지만, 이 활동을 수행해서 다음에 어떤 문제를 다룰 것인지를 결정한다기보다는 현재 상태에 대해 다시 한 번 생각할 수 있는 기회를 주는 용도로 활용했다. 종종 생각지도 못했던 문제를 팀원들이 중요하게 생각하는 경우가 발생해 참석한 경영진이나 팀장님들이 놀라거나 당황하는 경우도 생긴다. 물론 여기서 높은 득표를 차지한 항목으로 바로 개선점을 찾으려 할 수도 있겠지만, 내 경우에는 득표와 상관없이 사람들이 다루고 싶은 주제를 고르도록 지원 받아 개선안이나 구체적인 행동 계획(action plan)을 세우게끔 했다. 이렇게 하면 대부분 가장 중요하게 생각했던 문제들을 다루게 되며 단순히 다수결이 아니라 직접 선택했기 때문에 자발성도 더 강해지는 효과가 있었다.

07 무엇을 할지 결정하기

Agile
Retrospectives
Making Good Teams Great

'무엇을 할지 결정하기'에서는 다음 이터레이션에 초점을 맞춘다. 이 단계의 활동들을 통해 팀원들은 어떤 행동을 취할지 의견을 모으고, 가장 우선순위가 높은 행동을 뽑아 시도하기 위해 자세한 계획을 세운다. 그리고 원하는 결과를 달성했는지 측정할 수 있는 목표를 설정한다.

106쪽의 '5.5.5' 활동을 사용하면 시도해 볼 행동에 대한 아이디어를 찾을 수 있다.

7.1 활동– 회고 계획 게임

릴리스나 프로젝트 회고에서 '무엇을 할지 결정하기' 단계에서 실행 계획을 세울 때 사용한다.

목적

시도나 제안에 대해 자세한 계획을 세운다.

필요시간

40분에서 75분 사이다. 이는 시도할 항목의 개수와 인원수에 따라 달라진다.

내용

팀원들은 각자 브레인스토밍하거나 둘씩 짝을 지어 브레인스토밍을 한다. 브레인스토밍할 주제는 새로운 시도나 개선할 점, 혹은 권고 사항을 이행하는 데 필요한 모든 일이 될 것이다. 브레인스토밍 후, 중복된 작업 내용을 없애고 빠뜨린 부분을 채운다. 작업들을 순서대로 정리한 후 모든 팀원은 각자 맡아 완료시킬 작업에 표시한다.

수행 순서

1. 다음과 같이 이번 활동에 대해 설명한다. "우리는 앞서 추려낸 시도와 개선할 점, 권고 사항을 성공적으로 이행하기 위해 필요한 작업들을 모두 뽑아볼 겁니다." 그리고 시도(혹은 개선이나 권고 내용)에 대해 한 번 더 얘기한다.

2. 앞으로 진행될 과정을 설명한다. 대략 다음과 같은 내용이다.

   각자 또는 두 명씩 짝을 지어 할 일을 뽑기 위해 브레인스토밍을 한다.

   짝 혹은 개인 둘을 합쳐서 서로 산출해낸 작업들을 비교한다. 이때 중복되는 일은 없애고 빠진 부분은 채운다.

   연관 있는 작업끼리 묶은 후 중복된 부분과 빠진 부분이 있는지 재차

그림 7.1 회고 계획 게임에서 사용하는 작업 카드

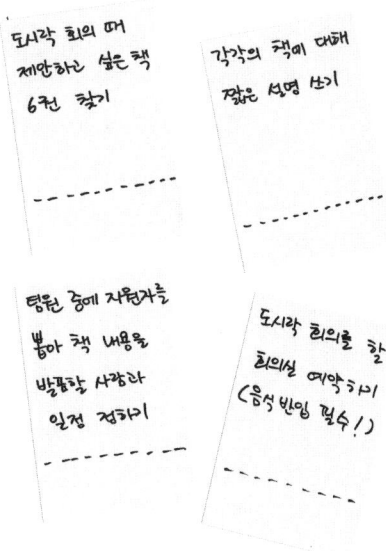

확인한다.

작업을 정리한다.

3. 두 명씩 짝을 만든다(만약 전체 인원이 여덟 명 이하라면 한 명씩 개인적으로 작업한다). 포스트잇이나 인덱스카드, 마커를 나눠 준다. 종이 한 장당 작업할 내용을 하나씩 적는데, 이때 종이 하단을 절반 정도 비워 놓으라고 한다. 예제를 보여준다(그림 7.1 참고).

4. 짝 둘을 하나로 합친다(이전 작업에서 개인으로 작업했다면, 그 개인끼리 짝을 만든다). 작업을 서로 비교해 중복을 없애고 빠진 부분이 생각나면 새로 적는 과정을 반복한다. 필요에 따라 내용을 재작성하거나 서로 통합해도 상관없다.

전체 그룹이 16명 이상이면 4명으로 구성된 그룹을 다시 짝지어 8명으로 늘려 위의 과정을 한 번 더 진행한 후 다음 순서로 넘어간다.

5. 각 그룹에서 작성한 내용을 화이트보드나 벽에 붙이고 연관 있는 작업끼리 모은다. 벽에 붙이기 힘든 인덱스카드라면 탁자 위에 펼쳐 놓고 연관 있는 작업들을 분류해도 된다. 다시 한 번 중복이 있는지 점검하고 빠진 작업이 생각나면 새롭게 추가한다.

   벽이나 화이트보드를 사용할 때 왼편은 비워 둔다. 다음 순서로 작업들을 정렬할 때 이 비워 둔 공간을 사용할 것이다.

6. 이렇게 해서 만든 작업 카드를 정렬한다. 이제 "어떤 작업이 가장 먼저 끝나야 하나요?"라는 질문을 시작으로 작업을 가려낸다. 가려낸 작업을 아까 비워둔 왼쪽 공간으로 옮긴 후 이 작업과 동시에 끝나야 하는 작업이 있는지 물어본다. 그런 작업들이 있다면 아까 옮긴 작업 위나 아래쪽으로 옮긴다.

   다음으로 끝내야 할 작업이 무엇인지 묻고 아까 붙인 작업 오른쪽에 해당 작업을 붙인다.

7. 팀원들에게 가서 작업 내용이 적힌 카드 하단에 이름을 적어 자신이 맡을 작업을 정하게 한다. 만일 작업 카드를 다음 이터레이션 계획 회의에서 다루는 편이 더 적합하다면 그렇게 한다.

준비물

포스트잇이나 인덱스카드. 마커. 벽이나 화이트보드 같은 평평한 작업 공간. 팀이 이런 식으로 계획해 본 경험이 없다면, 작업 카드의 예를 몇 개 준비한다.

사례

회고 계획 게임을 통해 팀은 모호한 상태의 개선 목표를 구체적인 작업과 행동 단계(action step)로 전환한다.

스캐너 소프트웨어를 개발하던 한 팀은 두 번째 릴리스를 앞둔 회고에서 자동화된 테스트 1400개를 다시 점검하기로 결정했다. 현재 나온 방법은 속도가 너무 느리고 팀의 작업 진행을 정체시켰기 때문이다. 브레인스토밍을 하여 몇 가지 실행할 수 있는 해결 방법을 만들고, 회고 진행자는 팀원들에게 가장 흥미로운 방법을 고르도록 요청했다. 그런 뒤 지원자 두세 명이 이에 대한 행동 단계는 무엇인지 알아보고 각 행동을 큰 포스트잇에 하나씩 적었다.

회고 진행자는 벽에 포스트잇을 붙이고 정렬하는 작업이 끝난 후 중복되거나 빠뜨린 내용은 없는지 팀원들에게 물어봤다. 모든 팀원이 더는 빼거나 추가할 내용이 없다고 동의하자 각 작업 간의 의존성을 찾기 시작했다. 팀원들은 실을 적당하게 잘라 테이프를 붙여 의존성 있는 내용끼리 연결하였다.

사람들은 다음 이터레이션 계획에 가장 적합한 행동이 무엇인지 그리고 그 행동이 어떤 점을 가장 변화시킬지, 어떤 위험요소를 예상할 수 있을지에 대해 의논했다.

팀은 다음 릴리스 계획에 어떤 작업이 포함되는지 확실히 생각이 정리된 상태에서 회고를 마쳤다. 팀원들은 거대한 개선 목표에서 관리할 수 있는 만큼의 행동들을 만들어냈고, 위험요소를 줄이려면 어떤 행동을 해야 하는지 알게 됐다.

7.2 활동 – SMART 목표

이 활동은 이터레이션, 릴리스 혹은 프로젝트 회고에서 무엇을 할지 결정하기 단계에서 사용한다.

목적

아이디어들을 우선순위가 매겨진 실행 안으로 가공한다. 즉 구체적이고 측정할 수 있는 행동들로 만들어가는 것이다.

필요시간

20분에서 60분 사이다. 인원수에 영향을 받는다.

내용

팀이 구체적이고(Specific), 측정할 수 있고(Measurable), 달성 가능하며(Attainable), 적절하고(Relevant), 시기적절한(Timely) 목표를 세우도록 집중시킨다. 이러한 특징을 갖춘 목표는 쉽게 달성하기 때문이다.

수행 순서

1. 중요한 SMART 목표에 대해 짧은 토론을 이끌어내면서 활동을 소개한다. SMART에 부합하지 못하는 목표는 흐지부지 되기 쉽다는 점을 지적한다.

2. 화이트보드나 플립 차트에 적힌 SMART 특징을 가리키면서 SMART 목표의 예를 설명한다. "우리의 목표는 다음 주 월요일부터 하루에 최소 5시간씩 짝 프로그래밍을 하는 것입니다. 매일 짝을 바꿀 것이고 서로 짝을 바꾸는 현황을 짝 스케줄 차트로 만들어 기록한 후 다음 회고 때 차트를 보고 결과를 점검할 것입니다." 반대로 SMART에 부합하지 않는 목표도 보여 준다. 예컨대 다음과 같다. "우리는 짝 프로그래밍을 더 많이 해야 합니다."

그림 7.2 SMART 목표의 특징들. 이 기준들을 만족시키지 못하는 목표는 달성하기 힘들다.

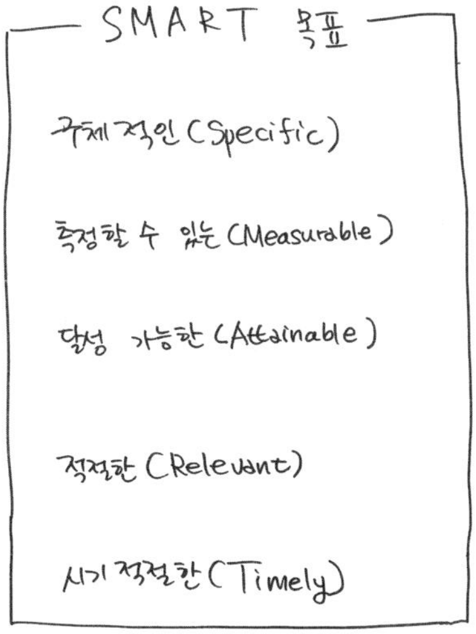

주의 - 이때 팀에서 작업하려는 시도나 개선 사항에 관련된 예를 들지 않는다.

3. 팀이 중요하다고 생각한 항목들을 중심으로 팀을 작은 그룹으로 나눠 작업을 계속한다. 각 그룹은 우선 SMART 목표를 세우고 그 목표를 이루기 위한 실행 단계(1~5단계 정도)를 만든다. 이때 회고 진행자는 활동이 진행되는 것을 지켜보자.

4. 각 그룹에게 목표와 계획을 발표하도록 청한다. 한 그룹의 발표가 끝날 때마다 나머지 그룹들은 발표한 목표와 계획이 SMART에 부합하는지 확인하고 넘어간다. 그룹들이 내용을 다듬을 수 있도록 돕는다.

준비물

플립 차트나 화이트보드. 마커. SMART 목표의 특징들을 적은 플립 차트(그림 7.2).

사례

시간을 거듭할수록, 우리는 달성하려는 목표에 대해 모호한 아이디어만 있는 그룹과 상세한 목표가 있는 그룹 간에 차이가 있음을 알 수 있었다. 위에서 말한 기준을 만족시키며 목표를 명확히 서술하는 그룹은 대부분 자신들의 목표를 달성했지만, 다른 그룹은 그러지 못했다. 자신들의 목표가 너무 모호해서 앞으로 나아갈 힘을 받지 못해 심지어 시작조차 못하는 경우도 있었다.

7.3 활동 - 순환 질문

이터레이션, 릴리스, 프로젝트 종반 회고에서 무엇을 할지 결정하기 단계에서 사용한다.

목적

팀이 다음 이터레이션 때 진행할 새로운 시도나 행동 단계를 선택할 수 있게 한다. 특히 팀원들이 서로의 이야기를 들어야 할 때 사용한다.

필요시간

30분 이상으로 인원수에 영향을 받는다.

내용

팀원들은 결정 사항에 대한 합의에 도달하기 위해 서로 질문하고 대답하는 과정을 반복한다.

수행 순서

1. 팀원들이 원모양으로 둘러앉은 뒤 회고 진행자 활동을 소개한다.

   "때로는 질문이 해답을 찾는 가장 좋은 방법입니다. 이번 회고에서 알게 된 결과를 토대로 우리가 무엇을 진행하고 싶은지 알기 위해 서로 질문해 봅시다. 만족스러운 해답을 얻거나 _분이 지날 때까지 원모양으로 돌면서 질문과 대답을 반복할 것입니다."

2. 먼저 여러분의 왼쪽에 앉은 사람에게 질문한다. 다음과 같은 질문으로 시작할 수 있다. "당신이 생각하기에, 우리가 다음 이터레이션 때 무엇을 가장 먼저 시도해 볼 만하다고 생각하세요?" 팀원은 자신의 관점에서 시작해 지식과 능력을 총동원해 답변한다. 그리고 이제 그 팀원이 질문자가 되어 왼쪽에 앉은 사람에게 자신이 받았던 질문을 더 보충해서 하거나 전혀 새로운 질문을 할 수 있다.

다음 응답자가 대답을 하면, 순서대로 원을 따라 질문을 반복한다. 이 과정을 그룹이 여태까지 듣고 고려해 왔던 주제에 대해 만족스러운 실행 안이 나오고 제시된 행동에 대해 의견이 합쳐질 때까지 계속한다.

준비물

가운데 탁자가 없는 상태에서 의자를 둥글게 배치한다. 도출되는 결과를 적어야 하니 플립 차트는 가까이 둔다.

사례

우리는 순환 질문 활동을 진행할 때, 최소한 두 바퀴는 돌고 나서야 활동을 끝냈다.

두 번, 세 번, 네 번(혹은 그 이상)을 반복하더라도 모든 사람에게 질문하고 대답할 기회가 돌아갈 때까지 계속 진행한다. 원을 한 번도 채 돌지 않은 상태에서 활동을 끝마친다면 사람들은 특정 사람 즉, 질문과 대답을 거친 사람의 의견이 다른 사람의 의견보다 더 중요하다고 인식하게 된다.

강력한 통찰과 행동에 대한 방향성이 이번 활동을 통해 나타난다. 모든 사람에게 질문하거나 대답을 하기 전에 몇 초간 여유를 갖도록 장려하자. 팀의 이야기를 주의 깊게 듣고, 팀에게 말하는 경험은 최고의 아이디어를 이끌어낸다.

자기조직화(self-organizing)된 애자일 팀에서 신뢰는 매우 중요한 요소다. '순환 질문'은 각 팀원에게 동등하게 주의를 기울일 수 있는 몇 안 되는 활동 중 하나다. 서로의 말을 존중해 주면 팀원들이 업무 관계 속에서 신뢰를 쌓을 수 있다.

7.4 활동 - 짧은 주제

이터레이션 회고에서 무엇을 할지 결정하기 단계에서 사용한다.

목적

팀의 작업 방식을 바라보는 서로 다른 관점들에 대해 알아보고 매우 짧은 회고에 다양성을 제공한다.

필요시간

20분에서 30분 사이다.

내용

팀은 플립 차트 2~3개에 적힌 제목을 보고 어떤 행동을 취할지 아이디어를 브레인스토밍한다. 제목은 다음과 같을 수 있다.

- 잘된 것/다음에 다르게 할 것
- 유지한다/버린다/추가한다
- 행동을 멈춘다/행동을 시작한다/행동을 유지한다
- 시작하다/멈추다/머무르다
- 미소짓다/찡그리다
- 분노/슬픔/기쁨
- 자랑스러운 것들/유감스러운 것들
- 더하다(Plus)/증분(Delta) (이터레이션에서)

수행 순서

1. 플립 차트를 붙인다. 이터레이션에 대해 개인적으로 돌아볼 시간으로 3~5분을 주고 각자 내용을 적으라고 한다.
2. 자료를 모으기 위해 각 주제를 토대로 브레인스토밍을 진행하고, 나온 아이디어를 기록한다. 팀원들이 중요하다고 생각하는 내용들이 모두

차트에 붙을 때까지 반복한다. 중간에 한두 번 정도 브레인스토밍을 중지해 진행을 원활하게 만든다.

3. 팀에게 상위 20%에 속하는 아이디어 항목을 구별해 주길 요청한다. 이는 가장 큰 이익을 줄 가능성이 있는 항목들이다. 항목들에 대해 짧게 토론한 후 투표를 한다(「점 투표로 우선순위 매기기」(147쪽) 참고).

4. 우선순위가 높은 항목이 2~3개 이상이 존재하면, 관리하기 힘든 행동부터 개수를 줄인다.

5. 나중에 진행될 이터레이션 회고에서 문제가 지속적으로 나오는 영역을 기록을 통해 확인할 수 있도록 브레인스토밍한 항목들을 그대로 보존한다.

준비물

토론할 때 쓸 제목이 적힌 플립 차트를 준비한다. 이터레이션마다 제목을 바꾼다. 팀이 한가지 구성에 지나치게 익숙해졌다면, 다른 것으로 바꾼다.

응용

회고를 마칠 때, 진행 과정과 결과에 대해 되돌아볼 목적으로 사용한다.

브레인스토밍하는 대신 사람들에게 포스트잇을 나눠 주고 내용을 채워 연관된 제목이 적힌 차트에 붙이라고 한다. 비슷한 아이디어끼리 묶어서 그 묶음에 이름을 붙인다.

사례

팀들은 보통 회고의 다섯 단계에서 한 단계만을 선택해 그와 관련된 활동 하나로만 회고를 진행하거나, 한번 선택한 활동을 계속 반복해서 사용하는 좋지 못한 경향이 있다. 각 단계에 맞게 활동을 수행하는 것은 좋지만, 그 활동을 마치 독립적인 회고처럼 사용해서는 아이디어가 풍부하게 나오지 않는다.

종종 사람들에게서 이터레이션 회고를 '심장박동' 회고(프로젝트 팀에 규칙적인 리듬으로 혈액을 공급해 주는)로 여긴다는 이야기를 듣는다. 심장박동을 듣거나 맥박을 재는 행위는 개인의 건강에 대한 지표를 알려 주고, 이터레이션 회고는 팀의 건강을 진단해 준다. 하지만 아무리 자신의 것이라 해도 심장박동을 듣는 일은 지루할 수 있다.

이터레이션이 끝나고 회고를 할 때, 특히 그 이터레이션이 일주나 이주 정도로 짧을 경우 팀은 똑같은 활동과 접근법을 매주 사용하는 것이 지겨울 수 있다.

토론의 관점을 환기시키기 위해 짧은 주제 활동을 수행하여 다양성을 제공하자. 여러분 취향에 맞는 주제들을 추가한다. 그리고 팀에 잘 맞는 카테고리를 만들어 본다(지속, 통합, 리팩터링).

A g i l e
R e t r o s p e c t i v e s
M a k i n g G o o d T e a m s G r e a t

회고에서 사람들이 가장 어려워하는 부분이 바로 S.M.A.R.T한 실행 계획을 세우는 것이다. 업무 협조에 어려움을 느끼는 문제를 해결하기 위해 짝 프로그래밍을 활성화하는 목표가 생겼다고 가정을 해보자. 구체적으로 어떤 실행 계획을 세울 수 있을까?

다음은 어떤 팀에서 처음에 정했던 실행 계획이다.

• 짝 프로그래밍을 더 자주한다.

이와 같은 실행 계획은 전혀 S.M.A.R.T하지 못하다. S.M.A.R.T한 실행 계획이 되기 위해서는 다음 회고 때 실행 계획의 결과를 정리하면서, 과연 이 실행 계획이 잘 지켜졌는지를 구체적으로 설명할 수 있어야한다. '짝 프로그래밍을 더 자주한다' 라는 실행 계획은 추후에 자주 했는지에 대한 기준도 모호하다. 또한 실제로 지키려고 해도 실행 방법을 알기가 어렵다. 위 실행 계획은 다음처럼 바꿀 수 있다.

• 매일 한 사람당 최소한 30분 이상 짝 프로그래밍을 한다.

실제로 위와 같은 실행 계획을 세웠던 한 팀은, 짝 프로그래밍 상황을 나타내는 표를 만들어서 짝 프로그래밍을 수행한 날짜와 이름, 수행한 시간을 적기로 했다. 그 팀은 다음번 회고 때 짝 프로그래밍이 얼마나 잘 이루어졌는지 정확하고 구체적으로 알 수 있었다.

실행 계획은 구체적인 동시에 달성할 수 있어야 한다. 현재 상황에서 엄두도 내지 못할 것을 계획하면, 사람들은 실행 계획에 대한 불신이 생겨 회고 자체에 대해 시간낭비라고 생각할 수 있다. 그러므로 처음 회고를 할 때는 실행 계획을 조금 작게 잡아서 달성하는 즐거움을 팀원들이 느끼도록 하는 것이 중요하다. 물론, 실행 계획을 너무 작게 잡아서 아무런 성취감도 느끼지 못하는 것은 바람직하지 않다.

08 회고 끝내기

Agile
Retrospectives
Making Good Teams Great

'회고 끝내기'를 통해 개선을 지속시키고, 회고를 하는 동안 어떤 일이 일어났었는지 되돌아보며, 참여와 노력에 감사를 표한다. 이전 장들에서 소개했던 활동들(만족도 막대그래프, 팀 레이더, 학습 매트릭스, 짧은 주제)과 네 단계로 구성된 공유 방법, 부록에서 소개하는 방법들을 이번에 소개하는 활동들과 함께 사용할 수 있다.

8.1 활동– +/델타(Delta)

이터레이션, 릴리스, 프로젝트 회고에서 회고를 끝내기 단계에 사용한다.

목적

회고를 되짚어 보고 잘한 점과 향상된 점을 확인한다.

필요시간

10분에서 20분 사이다. 인원수에 영향을 받는다.

내용

다음 회고에 적용할 만한 강점들과 시도할 만한 변화들을 알아본다.

수행 순서

1. 다음과 같은 말로 활동을 소개한다. "회고를 끝내기 전에 다음 회고 때 무엇을 유지하고 어떤 변화를 시도할지 알아보겠습니다."
2. 플립 차트에 T자를 그린다(그림 8.1 참고). 제한 시간을 알려 준다(5분 ~15분).
3. 강점과 변화를 마음껏 말하길 요청하고 회고 진행자는 내용을 요약해 적는다. 아이디어가 더 나오지 않거나 시간이 다 되면 중단하고, 잠깐 동안 가만히 있어 본다. 종종 가장 좋은 아이디어가 침묵 후에 나오는 경우도 있다.
4. 사람들의 솔직한 피드백에 감사를 표한다. 이전 회고 때와 비교해서 반복되는 패턴이 있는지 찾아본다.

준비물

플립 차트나 화이트보드. 마커

사례

회고 진행자인 우리는 그동안 회고를 진행하는 방법과 기술을 향상시키는

그림 8.1 '+/델타'는 회고를 개선하는 간단한 방법이다.

방법을 모색했고, 이를 위해 그룹에게 피드백을 요청했다. 이에 대한 두 가지 고려할 점이 있다.

- 델타는 그리스 문자로 변화를 뜻한다. +/델타(다음 회고 때도 유지할 만한 좋은 점 혹은 다음 회고에서 변경해야 할 점)는 회고가 끝나는 시점에서 내용을 판단해 달라고 부탁하기보다 미래에 초점을 맞추어 피드백과 아이디어를 구하는 활동이다. 회고에 대한 책을 쓰는 우리조차도 회고를 진행하는 기술을 향상시키고 싶은 마음에 방금 일어난 일들에 대해 좋았는지 나빴는지를 계속 자문하다 보면 의기소침해지게 마련이다. 회고 진행자가 계획을 세우고 그룹이 회고를 원활히 진행하는 데 온 힘을 쏟다 보면 종국에는 녹초가 될 것이다. +/델타 활동을 통해 진행자가

얻은 피드백이 단순한 비난이 아닌 유용한 것이라고 확신할 수 있다.

- 변화에 대해 우리가 감당할 수 있는 능력보다 훨씬 더 많은 피드백과 제안들을 해주는 호의적인 팀이 있었다. 그러나 다음 회고 때 시도해 볼 항목으로 한두 개에만 집중할 필요가 있었고, 뿐만 아니라 팀이 회고를 개선하는 데에 너무 많은 제안을 받아 질려버리기 전에 이를 방지해야 하기도 했다.

+/델타의 T구조가 그려진 플립 차트 한 장으로 피드백 수를 제한할 수 있다. T자 하단까지 의견이 나오면 더는 의견을 받지 않는다. 그리고 팀의 피드백과 도움에 진심으로 감사를 표현하고 회고를 끝마친다. 만약 팀원들에게 할 이야기가 더 있다면 나중에 여러분을 찾아오거나 다음 회고에서 다시 언급할 것이다.

8.2 활동 – 감사 표현하기

이터레이션, 릴리스, 프로젝트 회고에서 '회고를 끝내기' 단계에 사용한다.

목적

팀원들이 서로 감사를 표현하게 한다. 긍정적인 마음가짐으로 회고를 마친다.

필요시간

5분에서 30분 사이다. 인원수의 영향을 받는다.

내용

서로 도와 문제를 해결하는 등 협력에 힘쓴 팀원들에게 감사함을 표현한다. 어떻게 감사를 표현할지는 각자 적절한 방식을 선택한다.

수행 순서

1. 다음과 같이 활동을 소개한다. "회고를 마치면서 이번 회고와 이터레이션(또는 릴리스나 프로젝트) 기간 중에 사람들이 공헌한 바를 알아보고 평가하는 시간을 가지겠습니다."

2. 팀원 한 명과 함께 시연을 해본다. 비록 시연이라고 해도 진심으로 이야기할 수 있는 사람을 고른다.

   팀원의 이름을 이야기한 후 다음과 같이 이야기한다. "_____ 해주셔서 감사합니다." 빈칸에 그 사람이 했던 행동을 채워 넣는다. 여러분에게 어떤 영향을 끼쳤는지 짧게 설명해도 좋다.

   예를 들어 다음과 같이 할 수 있다. "조디, 제가 XX를 배우는 걸 도와주셔서 정말 고마워요. 덕분에 빨리 습득할 수 있었어요."

3. 시연을 마치고 자리에 앉는다. 기다려 보자. 누군가 감사를 표현할 것이다. 혹 누군가 감사를 표현하는 시간을 질질 끌더라도 기다리자. 침묵을 허용한다. 이런 일에는 시간이 필요한 사람들이 있으니 말이다.

1분쯤 지날 때까지 아무도 이야기하지 않으면 여기서 활동을 마친다.

준비물

없다. 사람들이 말하는 내용을 플립 차트나 화이트보드에 적을 수도 있다.

사례

우리가 이 활동을 어느 회고 워크숍에서 설명했을 때 한 관리자가 우리에게 말했다. "우리 개발자들은 그런 걸 하지 않을 거요! 그들은 기술자란 말입니다. 굳이 말하지 않아도 그들은 우리가 고마워하고 있다는 것쯤은 알고 있어요." 관리자는 이에 대해 개발자들이 동의하지 않다는 의미로 고개를 젓는 걸 눈치 채지 못했다.

사실 많은 사람이 이러한 활동을 부끄러워한다. 너무나도 안타까운 일이다. 우리는 이 활동을 할 때마다 진심어린 감사를 받고 사람들이 얼마나 기뻐하는지 볼 수 있었다.

우리와 함께 작업했던 어떤 그룹은 나중에 우리에게 회고의 결과로 오직한 가지 활동만 이행하고 있다고 이야기했다. 그게 무엇인지 묻자 그는 다음과 같이 답했다. "주간 회의 때 '감사 표현하기'를 시작했는데, 그로인해 우리가 서로 관계 맺는 방식이 바뀌었습니다. 더는 다투지 않아요. 여전히 의견 일치가 안 되는 일도 있지만, 우리는 감사 표현을 통해 서로의 의견이 지닌 가치를 주고받을 수 있다는 걸 알게 되었습니다. 이제는 힘든 시기를 한결 쉽게 견딜 수 있게 되었어요."

더 무슨 말이 필요한가?

8.3 활동 – 체온 측정

이터레이션 회고의 '사전 준비'나 '회고를 끝내기' 단계에서 사용한다.

목적

우리가 어느 위치에 있는지 확인한다. 그룹에게 일어났던 일들을 알아보는 실용적인 방법이다. [Sch90]

필요시간

10분에서 30분 사이다. 인원수에 영향을 받는다.

내용

팀원들이 자신에게 일어났던 일이나 원하는 점을 이야기한다.

수행 순서

1. 다음과 같이 활동을 소개한다. "이제 우리 그룹에서 일어났던 일들을 살펴봅시다. 어떤 구역이든지 참여할 수 있지만, 반드시 자원해서 참여해야 합니다. 이 활동의 목적은 다른 사람들에게 이야기를 듣는 것이니 만큼 다른 사람들이 참여하는 데 뭐라고 따로 얘기할 필요는 없습니다."

2. 체온 측정 요소가 적힌 포스터(그림 8.2 참고)를 가리키며 다섯 구역에 대해 설명한 후 팀원이 각 구역에 대해 의견을 내도록 한다.

   '감사 표현'은 다른 사람들이 공헌한 내용과 팀에 전한 가치가 무엇인지 알 수 있는 기회다. 팀원 한 명과 함께 진심어린 감사를 표현하는 시연을 보인다. 표현은 다음과 같다. "XX씨, _____ 해 주셔서 감사합니다." 그 사람이 공헌한 내용이 자신에게 어떤 영향을 끼쳤는지 간단하게 설명해도 좋다.

   '새로운 정보'는 그룹과 연관될 수 있는 정보들을 공유하는 시간이다.

   '수수께끼'는 우리가 이해하지 못하지만 궁금해 하는 부분이다. 답이

그림 8.2 **체온 측정의 요소들.** 체온 측정을 통해 평소 무시했던 감사, 수수께끼, 희망과 바람과 같은 단체 생활의 측면도 알아볼 수 있다.

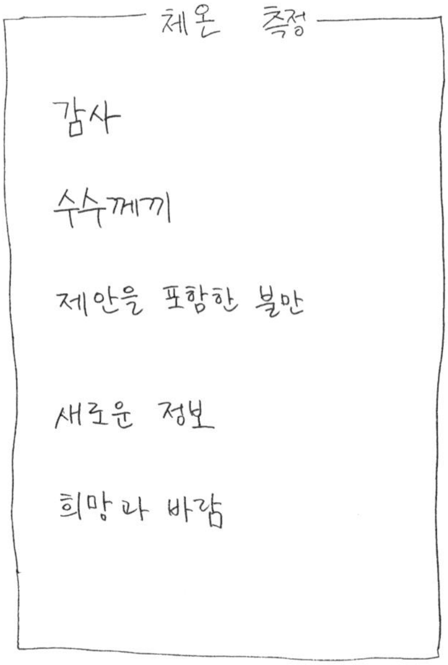

```
┌──────── 체온   측정 ────────┐
│                            │
│    감사                     │
│                            │
│    수수께끼                  │
│                            │
│    제안을  포함한  불만        │
│                            │
│                            │
│    새로운  정보               │
│                            │
│    희망과  바람               │
│                            │
│                            │
└────────────────────────────┘
```

없을 수도 있다.

'제안을 포함한 불만'은 팀원들이 무엇을 다르게 시도해 보고 싶은지 알려 준다.

'희망(hopes)과 바람(wishes)'을 통해 우리가 회고 혹은 회고 후에 바라는 점이 무엇인지 말한다.

구역 사이마다 잠시 기다리는 시간을 배치하자. '수수께끼'와 '제안을 포함한 불만'을 플립 차트나 화이트보드에 적는다.

준비물

플립 차트나 화이트보드에 체온 측정의 각 영역을 써둔다(그림 8.2 참고).

사례

체온 측정 활동을 진행하는 꼼수가 있다. 마음속으로 숫자를 세자. 처음에는 쉽지 않지만 금방 익숙해질 것이다. 회고 진행자는 속으로 숫자를 세면서 겉으로는 다른 일을 할 수도 있고, 팀원들이 생각을 모으는 데 걸리는 시간을 정확하게 잴 수 있다.

감사 표현을 시연하고 나서 속으로 숫자를 센다. 숫자를 세면서 사람들을 둘러보며 해보라는 몸짓을 보낸다. 숫자는 75까지 센다. 75가 되기 전에 누군가 감사를 표현하기 시작할 것이다. 시작하는 사람이 없다면 다음 영역을 진행한다.

한 명이 감사 표현을 시작하면 대체로 다른 사람들도 따라한다. 감사 표현 횟수가 줄어들면, 마지막으로 감사 표현한 시점에서 20을 센다. 그리고 수수께끼로 넘어간다.

수수께끼를 설명하고 20을 센다. 진행을 잠시 멈출 때마다 속으로 20을 센다.

일단 팀이 체온 측정 활동에 익숙해지고 나면, 바로 참여하기 시작하므로 속으로 숫자를 셀 필요가 없다.

체온 측정 형식은 많은 목적을 충족시킨다. 우리는 매달 프로젝트 계획을 하는 팀에 상황 보고 회의(status meeting)를 준비하는 데 체온 측정 활동을 사용했다. 결과적으로 팀원들은 일 년 내내 항상 의욕이 넘쳤고 회의에도 집중했다. 그들은 강한 업무적 유대 관계를 지속한 채 한해를 마칠 수 있었다.

8.4 도움이 되었던 일, 지연되었던 일, 가설

이터레이션이나 릴리스 회고의 끝마치기 단계에 사용한다.

목적

회고 진행자가 회고 진행 기술과 프로세스를 향상시킬 수 있도록 피드백을
받는다.

필요시간

5분에서 10분 사이다.

내용

회고 진행자는 팀이 작업하는 데 도움이 되었던 것과 이번 회기를 진행하면
서 함께 배운 것이 무엇인지, 또 팀이 앞으로 나가는 데 무엇이 방해됐는지
알아본다. 이러한 피드백을 통해 회고 진행자는 팀원들에게서 다음번 회고
에서 시도해 볼 것들에 대한 아이디어를 얻는다.

수행 순서

1. 팀원들에게 플립 차트를 세 개 보여주고 포스트잇을 나누어 준다. "여
   러분에게 더욱 도움이 되는 회고를 진행할 수 있도록 저에게 피드백을
   주시면 감사하겠습니다. 이 세 차트에 적힌 것은 이번 회고에서 여러분
   이 다함께 생각하고 배운 것과, 여러분이 생각하고 학습하는 데에 방해
   가 된 것, 그리고 다음 회고에서 더 개선할 수 있으리라 추정되는 가설
   입니다."

2. "피드백 내용을 포스트잇에 적어 주세요. 종이에 여러분 이름을 약자
   로 적고 해당하는 플립 차트에 붙여 주세요."

3. 마지막으로 이와 같이 더욱 개선할 수 있도록 여러분을 도와준 팀원들
   에게 감사를 표한다. 추후에 팀원들이 적어준 내용에 대해서 확인하고

싶거나 질문이 있을 때 연락을 해도 되는지 물어본다.

준비물
상단에 "도움이 되었던 일", "지연되었던 일", "가설"이 적힌 빈 플립 차트 세장.

사례
'도움이 되었던 일(Helped), 지연되었던 일(Hindered), 가설(Hypothesis)' (이하 HHH) 활동은 팀 학습을 강조하고 팀원들이 무엇을 가장 잘 배웠고 어떻게 배웠는지에 대해 다시 생각해 보도록 장려한다. 팀들이 전체 팀의 학습(whole-team learning)에 집중함으로써 더 나은 결과를 얻는다.

한 팀은 HHH 활동으로 회고를 끝마쳤을 때, 절반은 개인에 초점을 맞춘 활동을 원했고 나머지 절반은 짝이나 작은 그룹에 초점을 맞춘 활동을 원한다는 것을 알 수 있었다. 이러한 구분과 그것이 앞으로 진행할 회고에 어떤 의미가 있을지에 대해 토의한 결과, 그러한 팀원간의 차이점이 평소 작업과도 연관되어 있음이 드러났다. 결국 이런 토론으로 회고 진행자는 회고를 계획할 때 활동을 구성함에 있어 어떤 점에 관심을 기울여야 할지 알게 된다. 그리고 팀은 주중에 한 시간 동안 누구나 참여할 수 있었던 기존의 회의를 매일 15분 동안 서서 핵심만 간단히 말하는 회의로 바꿔서 양측의 요구를 모두 만족시켰다.

8.5 활동 – 시간투자 대비 보상 (Return on Time Invested (ROTI))

이터레이션이나 릴리스 회고의 회고를 끝내기 단계에서 사용한다. 혹은 개선하고 싶은 회의가 있다면 마칠 시점에 사용할 수 있다.

목적

회고 프로세스에 대한 피드백을 듣고, 팀원들의 관점에서 회의가 효율적이었는지 판단한다.

필요시간

10분.

내용

회고가 끝날 때 팀원들에게 가치 있는 시간을 보냈는지 물어보고 그에 대한 피드백을 받는다.

수행 순서

1. 플립 차트 세 개를 사람들에게 보이고, 그룹 프로세스에서 얻을 이점으로 무엇이 있을지 의논한다. 이점은 크게 의사결정(회고를 통해 팀이 앞으로 나아갈 수 있었나?), 정보 공유(팀원들이 유용한 정보를 얻거나 질문에 대한 해답을 얻었는가?), 문제 해결(팀원들이 의견을 얘기해 문제를 해결하고 대안을 찾아 무엇을 할지 결정할 수 있었나?)로 유형을 나누어 볼 수 있다.

2. 돌아가면서 팀원들에게 시간투자 대비 보상 정도를 숫자로 나타내 달라고 요청한다. 결과를 두 번째 플립 차트에 표시한다.

3. 모두 대답을 마쳤으면, 2점 이상의 점수를 준 사람들에게 이익이 되었던 부분을 물어본다. 마찬가지로 2점보다 낮은 점수를 준 사람들에게는 원했지만 얻지 못한 부분이 무엇인지 묻는다.

4. 대부분의 사람이 3이나 4같은 높은 점수를 주었더라도, 모든 사람에게

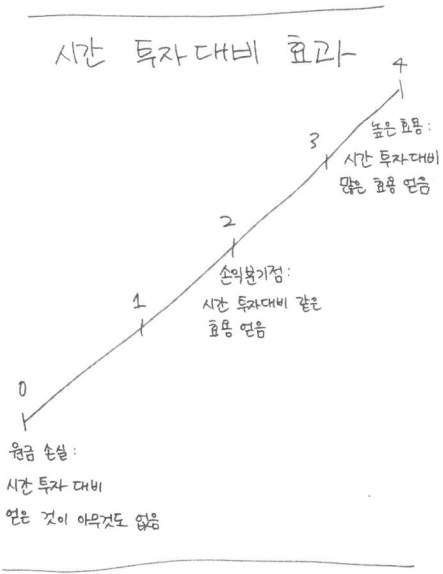

프로세스 중 어떤 부분을 유지하고 어떤 부분을 변경해야 할지 물어본다. 그 대답들을 남은 세 번째 플립 차트에 적는다. 끝으로 팀 회고를 개선하는 데 도움을 주어 감사하다는 표현을 한다.

준비물

플립 차트 두 개(그림 8.3, 그림 8.4 참고).

사례

우리는 팀원 대부분이 최소한 투자한 만큼의 가치를 얻었다고 생각해야 비로소 행복감을 느낄 수 있다. 개선할 여지는 항상 있다. 추가 질문을 하는 것도 가치가 있다. 회고에 높은 점수를 주었던 팀이 있었는데, 그 팀은 무엇을 변화시킬 수 있을지 계속 질문하며 고민한 결과, 팀에게 더 좋은 회의실

그림 8.4 ROTI 활동 결과 예. 이 팀은 회고가 가치 있는 과정임을 알아냈다.

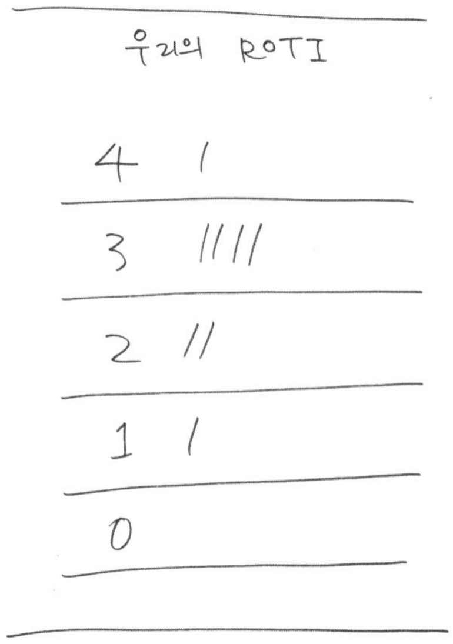

이 필요하다는 것을 알게 됐다.

누군가 회고에 0점을 줬다고 해서 회고 진행을 제대로 못했다고 자책하지 말자. 0점을 준 이유가 단순히 외부 환경과 공간의 문제로 주위가 산만해졌기 때문일 수도 있다. 왜 그런 점수를 매겼는지 그 이유를 물어보고 그 뒤에 잠재된 생각과 감정을 알아내자.

회고의 다섯 단계는 매우 중요하다. 특히 처음 회고를 진행하는 사람에게는 더욱 중요하다. 다만 우리가 회고를 진행하는 목적을 잊지 말아야 한다. 팀이 프로세스를 개선하고 같은 문제점을 반복하지 않기 위해서 회고를 진행하는 것임을 잊지 말아야 한다. 회고 자체가 목적이 되어서는 안 된다. 막연한 기대를 품고 사람들이 모두 지겨워하고 괴로워하는 회고를 억지로 이끌어나가는 팀에게 개선은 매우 힘든 일이 될 것이다. 회고 자체도 개선해야 한다. 뭔가 문제가 있다면, 진행 과정을 더욱 간단하고 쉽게 만들자. 사람들이 최대한 부담을 느끼지 않는 선에서 시작해서 발전해나가는 방식도 좋다. 처음 회고를 진행한다면 많은 난관에 부딪힐 수 있다. 이때 회고 자체를 개선할 수 있다는 마음가짐으로 회고에 대한 회고를 반복하다 보면 결국 팀이 개선하는 데도 큰 도움이 될 것이다. 또한 회고를 가능한 한 짧은 주기를 가지고 주기적으로 수행할수록 효과가 높다는 점도 명심하자. 실제로 내가 참여했던 한 프로젝트에서는 매일 회고를 했다. 물론 프로젝트 진행 상황에 따라 회고의 성격이 달라질 것이다. 만약 애자일 방법론 중에 XP나 스크럼을 사용하고 있다면, 이터레이션마다 회고를 진행할 것이다. 회고 주기에 따라 회고의 진행 시간도 달라진다. 매일하는 회고의 경우, 보통 30분 정도면 충분하지만, 한 달간 작업한 내용에 대한 회고는 반나절에서 하루정도 걸린다. 모두가 능동적으로 참여할수록, 그리고 회고를 통해 피드백을 얻는 주기가 짧을수록 팀은 더 많은 개선의 기회를 얻을 수 있다.

09 릴리스 회고와 프로젝트 회고

Agile
Retrospectives
Making Good Teams Great

팀에서 이미 이터레이션이 끝날 때마다 회고를 진행하고 있어도 릴리스 후나 프로젝트 말미에는 따로 회고를 수행해야 한다. 이터레이션 회고에서는 팀과 내부의 문제를 집중적으로 다루지만, 릴리스와 프로젝트 회고는 더 넓은 범위를 다룬다. 릴리스와 프로젝트 회고에는 제품에 관계된 다른 부서 사람들(베타 테스팅, 발송, 지원부서 등)도 참여한다.

릴리스와 프로젝트 회고에는 소프트웨어를 출시한다는 공통의 목표를 이루는 데 협력해야 하는 사람들이 모인다. 이때 사람들은 각자 관점이나 수행 목표, 측정 방식이 모두 상이할 수 있다. 서로 다른 영역을 다루는 그룹이 회고에 함께 참석할 때, 그때가 조직 학습을 할 기회다. 그중 하나는 팀이 직면해 있는 장애물을(진행을 지연시키는 정책, 절차, 실천 방법을) 판별하는 학습이고, 다른 하나는 그런 장애물에 가려져 있는 선의를 가진 사람들이 제

몇 가지 정의

우리는 새로운 조직을 방문할 때마다 디코더 링(decoder rings)[1]으로 여러 뜻을 지닌 일반적인 단어를 사람들이 어떻게 사용하는지 알아낸다.

회고에 맞는 단어의 의미들을 알아보자.

이터레이션은 일주일에서 30일 정도의 기간으로 진행되는 개발 주기다. 팀은 목표를 설정하고 작지만 실제로 동작하는 완전한 프로그램의 일부분을 만든다. 여기서 '완전한' 이란 의미는 그 코드가 테스트, 문서화는 물론이고 더 큰 제품(존재하고 있다면)의 한 부분으로 통합된다는 이야기다. (스크럼의 경우, 이터레이션을 스프린트(Sprint)라고 부른다.)

릴리스는 이터레이션마다 작성하여 동작하는 코드를 사람들이 사용할 수 있을 때 실시한다. 릴리스는 회사 내의 테스팅 그룹이나 베타 테스터 그룹 같은 특별한 그룹에게만 제한적으로 실시할 수 있고, 혹은 사내 고객이나 외부 고객에게 제공되기도 한다.

보통 프로젝트는 릴리스를 한 번 이상 시행한다. 프로젝트 마지막은 주로 자금 지원이 중단되고 팀의 해산되는 시점을 뜻한다.

품을 만드는 일에 어떤 방법으로 영향을 줄 수 있는지 알아보는 것이다.

이번 장에서 우리는 릴리스나 프로젝트 회고가 이터레이션 회고와 어떻게 다른지 알아볼 것이다. 초대장을 보내는 것부터 회고를 마치기까지 다루고, 회고 진행자에게는 어떤 차이점이 있는지 알아본다.

---

1 (옮긴이) 인코더 링(encoder ring)으로 암호화된 문장을 해석할 때 사용하는 도구다.

9.1 릴리스 회고와 프로젝트 회고 준비하기

대다수 이터레이션 회고에서는 팀에 대한 내용만 집중해 다룬다. 릴리스나 프로젝트 말미에는 팀원뿐 아니라, 핵심 팀은 아니지만, 릴리스나 프로젝트에 기여하는 다른 사람들도 참석한다. 추가적으로 관리자나 고객이 회고에 참여할 수도 있다.

다른 팀들에게도 초대장 보내기 여러분의 애자일 팀에는 이미 회고가 무엇인지 알거나, 심지어 회고에 푹 빠져 있는 사람도 있을 수 있다. 그러나 그 외 프로젝트 관계자들은 회고가 무엇인지 아마 잘 모를 것이다. 그 사람들은 회고에 대해 회의적일 수도 있다. 그저 일정만 늘어난다고 생각하거나, 무엇을 얻을 수 있는지 모를 가능성이 크다. 이제 여러분이 해야 할 일은 세 가지다. 누구를 초청할지 결정하고, 초대장을 보내고, 새로운 참여자들을 교육하는 것이다.

릴리스 즉, 제품을 출시하는 것은 이터레이션마다 동작하는 소프트웨어에 기능을 점진적으로 추가해 전달하는 것보다 더 많은 사람의 손을 거친다. 다른 부서 사람들과 어떻게 일을 하면 좋을지 좀 더 넓고 깊게 보기 위해 잠시 생각하는 시간을 갖자. 그런 다음 회고의 목적에 맞는 참석자들을 고른다. 중요한 역할을 맡고 있으면서 자신들의 의견을 공유하고 싶어하는 사람들을 찾아보자.

한 릴리스 회고에 인력관리 부서의 책임자인 팻과 론을 초대했다. 회고를 함께하면서 팻과 론은 자신들의 표준 정책이 프로젝트 진행을 어떻게 방해했는지를 알게 되었다. 론은 팀 공간에 있는 기계를 옮기라고 지시하는 것보다 더 중요한 게 있다는 사실을 이해했다. 팻은 릴리스 중반에 모든 팀원에게 26쪽에 달하는 성능 보고서를 요구하면 코치가 한 달 동안 아무 일도 못한다는 사실을 깨달았다. 팀 역시 론의 처지에서 이야기를 듣고 하드웨어를 옮기는 데 시간을 좀 더 투자하기로 했다. 그리고 팀이 지원 가능한 역할

목록을 일찍 뽑을 필요가 있다는 것도 알게 되었다.

누구를 초대할지 결정했다면, 팀이 어떻게 조직의 다른 영역 사람들과 원활히 상호 작용할 수 있을지 고민하자. 어느 부분에서 마찰이 일어나고, 혹은 서로 도움을 줄 수 있는지 알아본다. 대표자들을 초청해 서로 다른 관점을 배우게 한다. 프로젝트에 관련된 모든 사람이 참여할 수 없을 때는 작업 영역이 서로 겹치는 사람들만이라도 초대해서 최대한 많은 의견을 듣는다.

릴리스 회고의 경우, 초대를 고려해야 할 사람들은 관리 지원, 실제 고객, 제품 소유자, 배치 팀, 테스팅 그룹, 마케팅, 기술 지원, 고객 지원, 운영 부서, 베타 테스터, 프로젝트 관리 영역의 대표자들이 될 것이다.

프로젝트 말미에는 위에 언급된 사람들에 프로젝트 스폰서와 다른 관리 참여자(예를 들어 제품 개발 공학 관리, 프로그램 관리)를 추가로 초대할 수 있다.

여러 부서가 참석하는 규모가 큰 회고에서는 의견을 통합하고 의미 있는 결과 간의 균형을 유지하는 일이 중요하다. 50 내지 100명의 사람들이 함께 생각하고 참여하는 회고를 이끄는 것은 10명 내지 20명이 참여할 때와는 차원이 다른 접근 방법이 필요하다. 매우 규모가 큰 그룹과 조직적인 변화에 대해 합의에 이르는 일은 가능하긴 하나 여태까지 해왔던 회고와는 다른 프로세스가 필요하다.

한편 200명이 투입된 프로젝트에서 단 20명만이 회고에 참석했다면, 통찰을 전파하고 개선을 목표로 한 규칙들을 이끌어내는 것 자체가 일종의 프로젝트가 될 수 있다.

그런데다 참여하는 부서들이 회고를 통해 실제로 개선이 이루어질지 의심을 품고 있다면, 그런 프로젝트 회고보다는 팀에 집중하는 회고를 진행하는 것이 훨씬 보람 있을 것이다.

초대는 사람들에게 회고가 매우 중요한 사건임을 알리는 신호나 마찬가지다. 일반적인 회의 통지 방식에 의존하지 말자. 사람들을 초대할 때는 회고

그림 9.1 **초대 메일의 예**

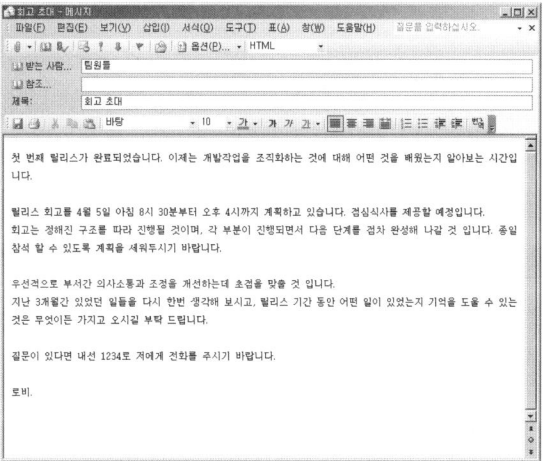

전 시간(full-time) 참석

사람들은 하루 종일 하는 회의에 저항한다. 그들은 회고가 너무 길면 자신의 일과를 끝마치는 데 지장을 준다고 느끼며 다른 회의 일정이 없을 때 잠깐 들르기에 적당하다고 여길지도 모른다. 그러나 아무리 좋은 의도라도, 이런 식으로 회의에 불쑥 끼어드는 사람은 방해가 된다. 최악의 경우 회의가 삼천포로 빠질 수도 있다. 반면 중간에 빠지는 행동은 사람들을 당황스럽게 할 것이다.

회고가 정해진 순서를 따르고 각 순서가 다음 순서와 연결이 되어 있음을 사람들에게 설명해 회의의 전 과정에 참석 하도록 요청하자.

의 목적과 날짜, 시간, 사람들이 이번 회고를 시작하기 전에 준비해야 할 점들까지 알린다. 궁금한 게 있을 때 질문할 수 있도록 연락처도 제공한다.

회고의 목적이 학습과 개선 그리고 실천임을 강조하자. 사람들에게 강요

회고를 시작하기 전에 관리자들 코치하기

회고에 참석하는 사람들의 지위와 권한이 서로 다르다는 사실은 상호 작용하는 데 영향을 끼친다. 팀원들의 업무 처리 속도를 평가하는 책임이 있는 사람들(기능 관리자, 프로젝트 관리자, 감독관, 개발 관리자)에게는 권력이 있기 때문에, 사람들은 쉽게 그들의 의견에 따를 수 있다. 회고 전에 관리자들을 만나 자신의 역할을 고려해 달라고 요청한다. 관리자들에게 뒤로 물러서 있다가 독단적으로 구는 관리자가 나오면 신호를 보내 사람들이 원활히 의견을 교환할 수 있도록 이를 저지해 달라고 부탁한다.

가 아닌 초대라는 것을 상기시킨다. 어차피 부담스러운 마음으로 참석하는 사람은 협조적인 분위기를 만들지 않는다.

선행 작업　2장에서 이터레이션 회고를 준비하면서 팀의 상황과 역사에 대해 공부해 두라고 이야기했다. 릴리스나 프로젝트 회고에서는 이를 더 깊게 알아봐야 한다. 사람들이 어떻게 프로젝트를 겪었는지에 대해 더 많이 조사한다. 물론 여러분의 견해가 중요하다. 이런 선행 작업을 통해 여러분은 더 자세한 그림을 토대로 더 나은 접근 방법을 설계할 수 있다.

인터뷰나 짧은 설문을 시행해 사람들이 프로젝트를 어떻게 느꼈는지 알아본다. 선행 준비를 하면 다음과 같은 이점이 있다.

- 사람들이 프로젝트에 대해 곰곰이 생각해 보게 된다. 즉, 인터뷰나 설문에 있는 질문에 답하면서 사람들은 지난 경험을 되짚어보는 것이다.
- 유용한 배경지식을 알게 된다. 여러분은 더 자세한 상황을 파악하게 되고 프로젝트에 대해 더 많이 이해할 수 있다. 프로젝트에 참여한 사람들에 대한 지식이나 그 사람들이 릴리스나 프로젝트에 대해서 어떻게 생각하는지도 알게 될 것이다.

- 분위기를 정한다. 여러분이 인터뷰나 설문에서 단계별로 질문하면 사람들은 회고가 어떻게 진행될지 알 수 있다. 만약 여러분이 열려 있고 호기심을 유발하는 질문을 했다면, 그 마음가짐이 회고 때도 그대로 전해질 거라고 예상할 것이다. 반대로 질문이 닫혀 있고 사람들의 잘못을 찾는 식이라면, 사람들은 비난과 편협한 생각으로 회고가 진행될 거라고 추측하게 된다.
- 회고를 효율적으로 계획하게 된다. 확실한 문제나 충돌이 있다는 걸 안 이상 해당 문제에 대해 그룹과 효과적으로 이야기할 수 있는 활동을 선택할 수 있다. 예를 들어 한 회고 진행자가 릴리스 회고를 준비하면서 인원이 부쩍 늘어난 팀을 인터뷰했을 때, 개발자와 관리자 사이에 불신의 문제가 계속 거론되었다. 회고 진행자는 개발자들이 우려하고 있는 부분을 관리자들에게 이야기할 수 있는 활동을 회고에 포함시켰다.

만약 그룹이 작다면, 개별적으로 만나거나 전화로 인터뷰한다. 만약 그룹이 크다면, 짧은 설문을 만들어 이메일로 보낸다. 여러분이 실제로 받았으면 하는 날보다 더 이르게 날짜를 정해 답장을 요청한다.

다음 목록 중에서 다섯 내지 여섯 문항 정도를 선택한다. 인터뷰나 설문이 논리적으로 흐르도록 적절하게 배치한다. 프로젝트에 관련된 사람들에게 설문을 돌리기 전에 직접 각 문항에 답해 보자. 비록 어떤 대답이 나올지 알 수는 없겠지만 질문이 너무 모호하거나 대답할 수 없는 수준인지는 알아볼 수 있을 것이다.

- 이번 회고에서 이야기했으면 하는 주제(3개에서 5개까지)가 있나요?
- 이번 회고를 통해 얻을 수 있는 가장 큰 가치는 무엇이라고 생각합니까? 여러분 자신에게는? 다음 릴리스를 위해서는? 조직에게는?
- 그런 가치를 얻으려면 회고 진행 중이나 회고 후에 어떤 일이 일어나야

할까요?

- 이번 릴리스 전반을 되돌아봤을 때, 당신이 가장 활기차게 시간을 보낸 일은 무엇인가요? 그 일을 활기차게 보냈다고 선택한 이유가 무엇인가요? 어째서 기억에 남았나요?
- 이번 릴리스에서 여러분이 공헌한 가장 큰 가치는 무엇인가요?
- 다른 사람들에게 여러분이 공헌한 가장 큰 가치는 무엇인가요?
- 회고에 대해 궁금한 점은 무엇입니까?
- 제가 한 질문 이외에 또 물어봐야 할 것이 있나요? 있다면 그 질문에 대한 여러분의 대답은 무엇인가요?

그룹에 힘든 문제가 있다면, 팀을 지원하는 일에 조금 더 신경을 쓰자. 여러분의 일은 그룹이 힘든 문제들도 드러내어 이야기할 수 있는 환경을 만드는 것이다. 사전 준비 단계에 좀 더 특별한 강조점을 두고 감정적인 상황을 조절할 수 있도록 준비한다(3장 「회고 진행하기」의 '집단역학 관리하기(70쪽)'를 참고하자).

여러분이 모은 정보들은 회고를 계획하는 데에 사용된다고 설명한다. 그리고 사람들에게 정보에 대한 비밀을 지킨다는 확신을 심어 준다. 만약 여러분이 회고 중에 사람들에게서 모은 정보를 요약하고 공유할 심산이라면 미리 사람들에게 그 사실을 알린다. 개개인의 정보를 지킬 수 있도록 주의를 기울이자.

9.2 서로 다른 조직들의 견해 포함시키기

이터레이션 회고는 팀, 팀의 방식 그리고 팀 간의 상호 작용을 강조하는데 비해 릴리스와 프로젝트 회고는 더 넓은 조직 차원의 견해를 포함한다. 즉, 이터레이션 회고에서 조직의 문제를 다룬다면, 릴리스나 프로젝트 회고에서는 부서 간의 문제들을 주로 다룬다.

사전 준비 사전 준비 단계는 대부분의 다른 회고와 일치하며, 이터레이션 회고에서 사용하는 기본적인 부분은 그대로 사용한다. 팀에 이미 작업 규칙이 있더라도, 이번 회고를 하면서 전체 그룹이 준수할 규칙들을 만드는 작업을 다시 한다. 회고의 목적은 서로 비난하는 것이 아니라 함께 학습하고 문제점을 고치는 것임을 사람들이 잊지 않도록 각별한 주의를 기울인다.

자료 모으기 자료를 모으는 활동을 통해 팀 외부의 관점이 명확하게 포함되는지 확인한다. 이걸 확인하는 방법으로는 자료에 종류별로 기술과 도구, 사람과 팀, 프로세스, 조직 시스템 같은 이름을 붙이는 것이 있다. 또한 회고에 참석한 부서마다 사건 시간축(event time-line)을 만드는 방법도 있다. 5장 자료를 모으는 활동에서 '시간축' 응용 방법(98쪽)을 참고한다.

통찰력 이끌어내기 사람들이 모두 서로 다른 부서에 있기 때문에 한 가지 사건을 다양한 시각으로 바라볼 수 있다. 각자 관심사(그들에게 무엇이 중요한지) 또한 다를 것이다. 이런 차이점을 숙지하고 있다면 조직 내에서 사람들이 더 효율적으로 일하도록 도울 수 있다. 사람들이 뜻밖이라고 생각했거나, 정반대로 해석했던 일에 귀 기울이자. 부서 간의 견해에 초점을 맞출 수 있도록 작은 그룹을 나누는 데도 신경 쓰자.

무엇을 할지 결정하기 이터레이션 회고에서 팀은 자신들의 통제권 안에 있는 문제들에 대해서만 조치를 취한다. 그러나 릴리스는 대부분 다른 팀이나 다른 부서 사람들이 연관된다. 확인된 문제들은 주로 조직 범위의 일이다. 즉, 시스템 문제다.

방 안에 모인 사람들이 스스로 해결할 수준의 문제가 아닐 수 있다. 하지만 영향력을 행사하거나 제안서를 작성할 수는 있다. 사람들은 직접 자신의 상황에 맞게 변화를 줄 수 있을 경우에 통제권을 가지고 있다고 본다. 예를 들어 팀에서 매일 정하는 기술적 결정과 작업 규칙은 모두 그들의 통제권 안에 있다. 또한 통제 범위에서 벗어난 문제라면 팀은 통제권이 있는 사람과 접촉함으로써 영향력을 펼칠 수 있다. 즉, 통제권이 있는 사람이나 그룹에게 내용을 알려주거나 설득하는 것이다. 예를 들어 팀은 시설과 기구에 대한 통제권은 없지만, 시설 부서에 필요한 물품이 있다고 알릴 수 있다. 이렇게 해서 관리자가 정책의 실제 비용을 알 수 있도록 만드는 것이다. 팀이 지닌 영향력과 통제권의 범위를 분석하면 현실적인 제안이 가능하다.

다른 사람들에게 제안할 때 무엇인가를 '해야 한다'고 말하는 것은 효율적인 방식이 아니다. 효율적인 제안이란 문제점을 설명하고, 잠재적인 해결안을 제시하며, 해결하기 위해 참여를 종용하고, 함께 문제를 해결하자고 부탁하는 방식이다. 다른 그룹들에게 도움을 받거나, 다른 그룹의 방식을 바꾸고 싶다면, 제안이 여러분 팀에만 유익한 게 아니라 해당 그룹에도 도움이 된다는 사실을 알려야 한다.

물론 개개인의 개발 작업과 팀의 개선을 목표로 한 실행 계획을 세우는 것도 매우 중요하다. 즉, 회고를 마칠 때, 사람들은 각각 자신이 달성할 확실한 실행 안을 결과물로 확보할 수 있어야 한다.

회고가 끝나기 전에 작더라도 사람들이 완수할 실천 방법들을 선택하자. 행동(action)이 행동을 낳는 법이다.

t i p

팀이 직접 보고서를 작성한다.

규모가 큰 회고에 비용을 지불한 사람은 보고서를 원할 수 있는데 그러한 보고서는 반드시 회고 진행자가 아닌 팀원이 작성해야 한다. 회고를 마치는 단계의 일부로, 누가 보고서를 작성할지 결정한다. 보고서를 회고 진행자가 작성하게 되면, 팀의 주인 의식이 반감된다.

실행 계획(action plans) 지침

모든 행동 단계에는 동사가 들어가야 한다. 동사가 없다면 행동이라고 할 수 없다.

또한 모든 행동에는 그 행동을 책임지는 사람이 필요하다. 즉, 행동을 실제로 수행하는 사람이 있어야 한다.

행동이 작은 단계로 구성되어 있으면 더 빨리 추진할 수 있다. 한 사람이 한 주 이내로 끝마칠 정도의 수준으로 행동 단계를 구성하자.

완료할 날짜를 정하면 일이 더 잘 추진된다. 마감일만 정해도 일을 완료하는 데 큰 도움이 된다. 완료일이 정해지지 않은(Open-ended) 일은 끝나지 않은 채로(Open and not ended) 머물러 있곤 한다.

행동이 구체적이고(Specific), 측정할 수 있고(Measurable), 달성 가능하며 (Achievable), 적절하고(Relevant), 시기적절한지(Timely)(SMART) 확인한다.

각 행동마다 '완료'가 무엇을 의미하며 이에 대해 팀과 어떻게 의사소통할지 결정한다. 행동 계획은 이 기준에 모두 부합되어야 한다.

회고 끝내기 이터레이션 회고에서는 팀 스스로 나중의 일을 처리할 수 있지만, 규모가 큰 회고에서는 제안서에 대한 후속 책임과 여러 부서가 관여된 계획을 이끌 인력이 따로 배치된다. 대부분 관리자나 팀 리더, 코치들이 이러한 업무를 맡곤 한다.

사람들이 자신들의 경험을 되돌아보고, 개인적인 통찰을 확고히 하며, 다른 사람들이 기여한 바를 알 수 있는 활동을 선택해 회고를 끝낸다.

9.3 릴리스 회고와 프로젝트 회고 진행하기

이터레이션 회고에서는 코치와 팀 리더가 진행할 수도 있다. 그러나 릴리스나 프로젝트 회고를 할 때는 모든 팀원이 회고 모임에 참여해야 하기 때문에 내부에서 진행자가 나와서는 안 된다. 다른 팀의 코치나 리더에게 도움을 구하거나 팀 외부에서 진행자를 데리고 온다. 만약 여러분이 이터레이션 회고를 진행했다면, 다른 팀에서 릴리스 회고를 진행해 달라고 요청해올 수도 있다.

큰 규모의 회고를 딱 한 번만 진행하는 경우라면 조언자를 찾는다. 함께 진행 방법을 구상하고 긴 시간 동안 대규모의 그룹을 관리하는 데 필요한 조언을 구하자. 그러나 만약 여러분이 큰 규모의 회고를 한 번만 진행하고 말 것이 아니라면, 스스로 단련하는 법을 강구해야 한다.

이터레이션 회고와 릴리스 혹은 프로젝트 회고 사이에는 몇 가지 고려해야 할 차이점이 존재한다.

활동 관리하기 이터레이션 회고에서 했던 활동을 대부분 그대로 릴리스나 프로젝트 회고에서 사용할 수 있다. 한 가지 요령은 전체 인원이 함께 의견을 나누도록 애쓰기보다는 작은 그룹으로 나눠 사람들이 실제로 이야기할 수 있도록 만드는 것이다.

역학(Dynamic) 관리하기 사람은 사람이다. 작은 그룹에서 볼 수 있는 행동 양식을 큰 그룹에서도 발견할 수 있다. 하지만 그 효과는 한층 명확하다. 만약 어떤 일이 어긋났을 때 상황은 더 큰 폭발력을 지니고 더 빨리 악화된다. 회고 진행자는 프로세스와 역학에 주의를 기울여야 한다. 작업 규칙 내용을 숙지하면서 분열을 일으키는 행동을 지적할 준비를 해야 하는 것이다.

큰 그룹 안에서 사람들이 나누는 잡담을 잘 살핀다. 잡담은 감춰진 정보나 파벌이 있음을 의미하거나, 누군가 회의의 기초를 위태롭게 하고 있다는 뜻이기도 하다. 이를 위해 모든 사람이 함께 참여하도록 유도하는 행동과, 진행에 방해가 되는 행동에 대한 작업 규칙을 만들자. 그룹에게 잡담에 대한 새로운 작업 규칙을 추가하자고 제안하거나, 현재 상황에 대한 가장 좋은 해결책은 무엇인지 물어본다.

물론 잡담에는 대부분 악의가 없다. 하지만 현재 이야기하고 있는 사람이나 프로세스를 존중하지 않는다는 신호이며 주위를 산만하게 만드는 요인이 된다.

한 회고 진행자가 회고를 방해하는 잡담에 어떻게 대처했는지 살펴보자. 프랜이 하위 그룹의 보고서를 발표하고 있을 때 찰리와 론이 웃고 떠드는 모습을 보고 진행자 시드니는 잠시 발표를 중단시켰다. 그리고 찰리와 론에게 다음과 같이 말했다. "두 사람이 뭔가 이야기를 나누는 것 같은데, 다른 사람들도 알아야 하는 내용인가요?" 찰리는 자신이 론에게 농담을 했었다고 순순히 인정했다. 시드니는 그가 다른 사람들을 산만하게 만들었다고 이야기하고 다른 사람들에게도 그에 동의하는지 물어봤다. 몇몇 사람이 고개를 끄덕이자, 시드니는 잡담에 대한 작업 규칙을 추가했다. 대개 이렇게 중간에 끼어드는 방법으로 문제를 해결할 수 있다.

아니면, 이렇게 이야기할 수도 있다. "지방 방송은 꺼주세요."

이런 경우에 초등학교 선생님들이 하는 것처럼, 모두 들을 수 있게 농담 내용을 알려달라고 하지 않는다.

시간 관리하기 긴 회고에서는 모든 것이 오래 걸린다. 발표 듣기, 활동 사이를 옮겨 다니기, 휴식하기, 작은 그룹의 보고 등 이 모든 행동이 더 많은 시간을 요한다. 여러분은 구조는 똑같지만, 더 많은 사람과 함께 더 복잡한 문제를 다루도록 이끌어야 한다. 특히 반목이나 언쟁, 지독한 실패가 있을 때는 더 많은 시간이 필요하며, 경험 많은 진행자를 모시는 결정도 고려해야 한다.

90분에서 2시간 간격으로 공식적인 휴식 시간을 취하도록 계획을 세운다. 물론 사람들은 잠시 나갈 필요가 있으면 언제든지 일어나 나가겠지만, 미리 계획을 세워 두면 끊임없이 들락날락하는 횟수를 줄일 수 있다. 그리고 정확히 짜인 시간에 맞춰서 쉬기보다는 자연스럽게 중단이 되는 시점에 휴식을 취한다. 시작할 때 사람들에게 대략 90분에 한 번씩 쉴 거라고 알려 주고 만약 쉴 필요가 있다고 생각되면 알려 달라고 이야기한다.

*

이제 한 프로젝트 회고 일화를 소개하겠다.

한 주짜리 이터레이션을 스물네 번 끝마친 팀이 있었다. 그 팀은 제품을 기간 내에 넘겨 주었고 성과급도 받았으며, 정기적으로 이터레이션 회고를 수행해 오고 있었다. 이제 팀원들은 프로젝트 전반을 되돌아보며 무엇이 제대로 진행됐는지 돌이켜 보고 논의하길 원했다. 프로젝트 기간 동안 몇 가지 새로운 방법을 시도해 왔던 터여서 그 여세를 계속 유지하고 싶었다. 설사 그 팀에서 일부가 새로운 프로젝트에 투입되더라도 말이다.

팀은 외부 사람들을 참여시켜 다른 부서 사람들과 함께 작업하는 것을 배우기로 했다. 회고 진행자는 노트에 다음과 같은 진행 과정을 적으면서(그림 9.1 참고) 의제를 정했다(그림 9.2 참고).

결정할 것 - 목표는 무엇인가?

우리는 핵심 팀 외부의 관점으로 학습하여 성공을 공고히 하기를 원하며, 또한 그 여세를 유지하고 싶다.

그림 9.1 **종일 회고를 계획하는 회고 진행자의 노트**

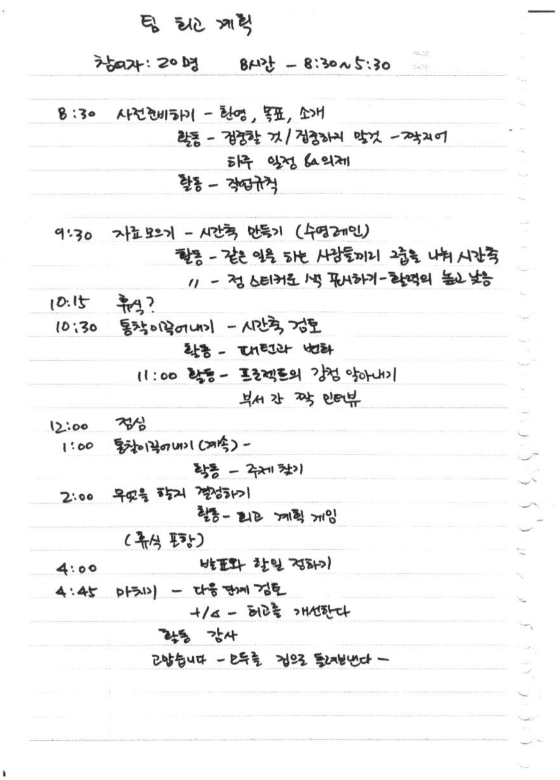
팀 회고 계획

참여자: 20명 8시간 - 8:30~5:30

8:30 사전준비하기 - 환영, 목표, 소개
활동 - 집중할 것/집중하지 말것 - 짝지어
하루 일정 & 의제
활동 - 작업규칙

9:30 자료 모으기 - 시간축 만들기 (수영레인)
활동 - 같은 일을 하는 사람들끼리 그룹을 나눠 시간축
〃 - 점 스티커로 색 표시하기 - 활력의 높고 낮음
10:15 휴식?
10:30 통찰이끌어내기 - 시간축 검토
활동 - 패턴과 변화
11:00 활동 - 프로젝트의 강점 알아내기
부서 간 짝 인터뷰
12:00 점심
1:00 통찰이끌어내기 (계속) -
활동 - 주제 찾기
2:00 무엇을 할지 결정하기
활동 - 회고 계획 게임
(휴식 포함)
4:00 발표와 할일 정하기
4:45 마치기 - 다음 단계 검토
+/Δ - 회고를 개선한다
활동 감사
고맙습니다 - 모두를 집으로 돌려보낸다 -

결정할 것 - 누가 참석할 것인가?

팀, 고객, 외부 테스팅 그룹, 운영 지원팀, 테크니컬 라이터. 이번 회고에 참석할 사람은 총 20명이 될 것이다.

이유 - 다른 사람들에게 우리가 어떻게 일했고 문제를 해결했는지 알리고 팀 외부로부터 피드백을 받고자 한다.

결정할 것- 얼마 동안?

하루 종일.

그림 9.2 종일 회고용 의제

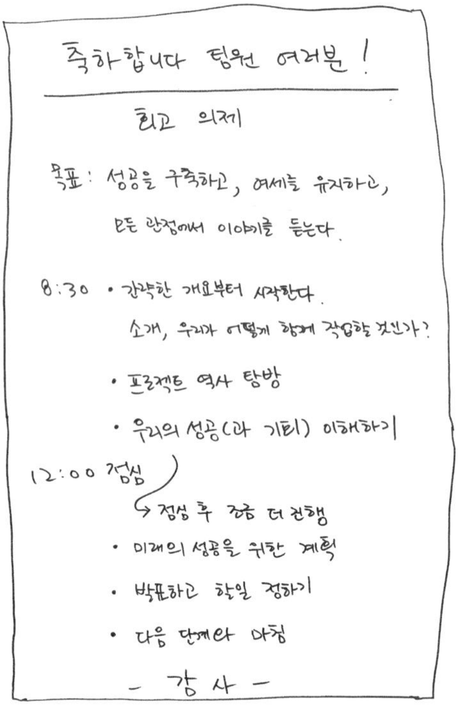

이유 - 여러 관점에 대해 탐구할 시간이 필요하다.

결정할 것 - 어디에서 회고를 열 것인가?

회사의 훈련 시설에 있는 큰 공간. 수용 인원은 50명. 모든 가구는 이동할 수 있다. 20명이 편하게 있을 수 있고, 자유롭게 이동하며 작은 그룹으로 나눠 작업할 수 있는 큰 공간이 필요하다.

결정할 것 - 방을 어떻게 배치할 것인가?

의자를 원 모양으로 배치한다. 모든 사람이 서로 마주 보며 회의를 시작할 수 있게 된다.

사전 준비

활동 - 집중할 것/집중하지 말 것

이유 - 사람들이 문제 상황에서 비난할 대상을 정하지 않는 마음가짐으로 임해야 한다. 이 활동을 통해 열린 토론을 조장한다. 또한 이전에 회고를 해보지 않은 사람들을 안심시킨다.

활동 - 작업 규칙

이유 - 회고를 시작(목표 검토하기, 일정 짜기)하고 나서 작업 규칙을 정한다. 사람들은 이런 방식의 협업을 해본 적이 없고, 모든 그룹에게 자신들만의 작업 규칙이 있는 것은 아니기 때문이다.

자료 모으기

활동 - 수영 레인으로 나뉜 시간축

이유 - 연표와 릴리스에 관련된 사건들을 다시 만들고, 다른 부서에서는 릴리스를 어떻게 보았는지 살펴본다.

활동 - 점 스티커로 색 표시하기

이유 - 사람들이 시간축에 있는 서로 다른 사건을 어떻게 경험했는지 밝혀 본다.

통찰력 이끌어내기

활동 - 패턴과 변화

이유 - 언제 활력 또는 의욕이 변하는지를 이해하고 두드러지는 지점(높은 활력, 낮은 활력, 혹은 혼합된)을 알아내려 한다. 이것을 통해 가장 효과가 좋은 변화는 무엇인지, 어디서 우리가 장애를 극복했는지 알 수 있다.

활동 - 강점 알아내기

이유 - 가장 뛰어나게 작업한 것을 토대로 하여, 어떻게 다른 영역이 함께 작업했는지에 초점을 맞추어 공부한다.

활동 - 주제 파악하기

이유 - 인터뷰 후에 공통된 의견을 찾아 가장 좋은 아이디어를 알아낸다.

무엇을 할지 결정하기

활동 - 회고 계획 게임

이유 - 사람들은 다음번에도 계속 이어나갈 가장 중요한 실천 사항 혹은 상호 작용에 관해 말해야 하고 수렴해야 할 이야기에 대해 모든 이의 의견을 듣게 된다.

회고 마치기

활동 - +/델타

이유 - 회고를 개선한다. 우리는 이터레이션 회고에서 어떤 효과가 있었는지 알고 있고, 이 활동을 통해 어떻게 하면 팀 외부의 그룹을 더 잘 참여시킬지 알아볼 수 있을 것이다.

활동 - 감사 표현하기

이유 - 핵심 팀의 내부와 외부에 있었던 공헌을 모든 이에게 알리고 감사를 표한다.

9.4 모든 일을 마치는 시점에서 회고 진행하기

이 책은 이터레이션마다 진행하는 짧은 회고에 초점을 맞추고 있기 때문에 릴리스와 프로젝트 회고에 대해 깊이 다루지는 않았다. 간단히 몇몇 주요 차이점만 지적했다. 만일 여러분이 프로젝트를 종료하는 시점에 진행하는 회고에 대해 더 알고 싶다면 놈 커스(Norm Kerth)의 책 『Project Retrospectives: A handbook for Team Reviews』[ker01]을 추천한다. 이메일을 통해 회고에 대해 토론하는 그룹에도 가입할 수 있다. 또한 자료나 추천을 받고 싶다면 언제든지 우리에게 연락하길 바란다.

그동안 이터레이션 회고를 진행했다 하더라도, 릴리스나 프로젝트 회고에 시간과 열정을 투자해 볼 가치는 있다. 더 긴 기간 동안 더 넓은 시야로 보면 사람들은 또 다른 문제들을 발견할 것이다. 그리고 다른 교훈을 얻는다. 팀이 함께 있지 않을 때조차 사람들은 릴리스나 프로젝트 회고에서 배운 것을 바탕으로 하여 다른 팀과 프로젝트에 이익을 준다. 또한 릴리스와 프로젝트 회고에서는 조직의 요소, 정책, 절차들이 드러난다. 그리고 이것들을 해결하기 위해서는 특정 영역을 뛰어넘는 조정이 필요해진다. 그렇기에 폭넓은 시야가 없다면 숨겨진 문제를 볼 수 없고, 때로는 원인을 잘못 진단하게 된다.

그러므로 모든 일을 마치는 시점에는 항상 회고를 시행하자. 회고로 인해 팀과 조직은 스스로 돌아보고 비춰 보면서 학습하고 또 개선할 것이다. 팀이 자신들의 행동을 관리하고 변화시키는 데에 어떻게 기여할지는 다음 장에서 설명하겠다.

나부군 이야기 - 일일 회고

이 책에서는 매일하는 회고를 다루지 않는다. 하지만, 개인적인 경험에 비추어봤을 때, 매일 회고를 진행하게 되면, 주 단위나 월 단위로 회고를 진행하기가 훨씬 매끄럽고, 사건들을 기억해내기도 훨씬 용이하며, 교훈들을 복습하는 효과가 생겨 실제 개선이 더 잘 이루어진다. 2007년 초 브라스 밴드(Brass Band) 팀에서 작업할 때 우리는 1시간마다 회고를 하기도 했다.

나는 일일 회고를 퇴근 전에 30분 동안 진행한다. 비록 30분간의 짧은 회고라 해도 책에서 소개하는 다섯 단계를 그대로 따르는 것이 좋다. 하지만, 훨씬 간략하게, 그리고 대부분 구두로만 진행할 수 있다. 지금 소개하는 방법은 한 가지 예일 뿐이다. 일일 회고 자체도 여러분 팀에 맞도록 개선할 수 있다. 지금부터 소개할 일일 회고 방법은 김창준 님이 소개해 주신 방법을 정리한 것이다.

사전 준비하기

사전 준비 단계의 목표는 회고를 원활하게 진행할 수 있는 준비를 하고, 모든 사람이 참여할 수 있는 분위기를 만드는 것이다. 개인적으로 일일 회고를 하면서는 시간이 짧기 때문에 작업 규칙은 필요하지 않았지만, 그 짧은 시간에도 회고에 장애 요소가 발생한다면, 규칙을 만들어 둔다. 규칙을 만드는 행위 자체가 팀원들의 행동에 합의를 이끌어낸다.

그리고 혹시 팀 내에 소극적이고 말을 잘 하지 않는 팀원이 있다면, 회고를 진행하기 전에 간단하게 느낌을 물어볼 수 있다.

자료 모으기

개인이 돌아가면서 각자 오늘 출근할 때부터 회고를 하기 전까지 있었던 일들을 말하고, 바로 느낀 점을 이야기한다. 느낀 점은 다음 두 가지를 이야기한다.

- 오늘 작업하면서 좋았던 점
- 오늘 작업하면서 아쉬웠던 점

통찰 이끌어내기 + 무엇을 할지 결정하기

이제 우리가 내일 새롭게 시도해 볼 것에 대해서 이야기를 나눠본다. 이것도 사람들이 번갈아가면서 모두 말하는 것이 좋다. "저도 경수 님과 같은 생각을 했습니다."라고만 해도 좋다.

회고 마치기

오늘 수행한 회고에 대한 느낌을 물어본다. 회고를 팀에 더 잘 맞도록 개선하자. 하지만 처음 회고를 진행할 때는 충분히 익숙해졌다고 생각될 때까지 주어진 단계와 방법들을 충실히 실천해 보자. 섣불리 단계들을 생략했다가는 생각지도 못하게 회고의 핵심을 잃어버릴 수가 있다.

가상 일일 회고

참석자 - 김경수(회고 진행자), 이은미, 이두환, 강지훈

"자, 그럼 이제 작업 정리하고 회고 시작할까요?"

(사람들이 원형 탁자를 중심으로 둥그렇게 모여 앉는다.)

"돌아가면서 오늘 있었던 일하고, 좋았던 것, 아쉬웠던 것을 순서대로 이야기해 보죠. 어느 분부터 시작하시겠어요? 두환 님부터 시작할까요? 내용을 누가 적었으면 좋겠는데......, 제가 적을까요? 그럼 시작하죠."

"저는 오늘 한 20분 일찍 도착했어요. 왔더니 은미 님이 계시더라고요. 어제 작업하던 부분에 대해서 이야기를 조금 하고, 주변이 지저분해서 같이 정리를 했어요. 얼마 후, 모두 오셔서, 우리 작업한 내용을 확인했죠. 그리고 앞으로 해야 할 일들을 다시 한 번 확인하고 무엇부터 할지 우선순위를 정했죠. 각자 둘씩 작업할 내용을 우선순위 순으로 골랐는데, 저는 지훈 님이랑 짝이었고, 작업은 XX를 하기로 했죠. 한 30분 정도 걸릴 줄 알았었는데, 실제로 잘 안 되더라고요. 그 때 경수 님이랑 은미 님이 하시던 작업을 마치고, 우리 작업이 끝나지 않은 것을 보시고, 함께 의논했어요. 그리고 우리가 하려던 방식처럼 복잡하게 하지 말고 일단 간단하게 구현한 다음 개선해 나가기로 했죠. 점심을 먹고 와서 이번에는 경수 님과 페어로 XX 작업을 했는데, 거의 예상했던 대로 마친 것 같아요. 또 작업을 하나 더 했는데, 이게 또 오래 걸리더라고요. 마침 은미 님이랑 지훈 님도 작업이 지연되고 있어서 같이 한 두 시간은 삽질하고 있었던 것 같네요. 결국에 끝내기는 다 끝냈는데, 예상보다 시간이 오래 걸려 오늘까지 하려고 했던 작업을 모두 마치지는 못했어요. 그게 좀 아쉬워요."

"좋았던 것과 아쉬웠던 것을 정리해서 이야기해 주시겠어요?"

"좋았던 건, 아침에 일찍 와서 여유로워서 좋았고, 일단 복잡한 작업을 간단하게 하기로 한 것이 좋았고, 아쉬웠던 건 작업이 다 못 끝나서 아쉬웠네요."

"예, 그럼 그 옆에 지훈 님이 이야기해 주시겠어요? 오늘 있었던 일 중에서 겹치는 내용은 생략하셔도 됩니다."

"아, 예. 아침에 두환 님이랑 같이 작업을 했는데, 삽질을 조금 했고, 점심 먹은 다음에도 XX 작업을 하고, OO를 했는데, XX는 잘 끝난 반면에 OO는 아침처럼 또 지연되었어요. 음, 좋았던 부분은, 먼저 작업이 끝난 사람들이 아직 작업 끝나지 않은 사람들과 이야기를 할 수 있었던 부분 같아요. 일단 삽질모드로 돌입하면 누가 꺼내주지 않는 한 헤어 나오기가 쉽지 않거든요. 그게 잘된 것 같아서 좋았고요. 그런데, 또 저녁 때 비슷한 일이 있었는데, 그때는 두 팀이 다 작업이 지연되고 있어서 서로 못 챙겨준 점이 아쉬웠어요. 그리고 그 때 저희 쪽이 작업이 한 15분 정도 먼저 끝나긴 했는데, 경수 님과 두환 님이 너무 집중하고 계셔서 말을 못 걸었어요."

(모두 돌아가면서 위와 같은 방식으로 이야기를 한다.)

"그럼 우리가 처음으로 돌아가 오늘을 다시 시작할 수 있다면 무엇을 어떻게 다르게 해볼 수 있을까요?"

"일단 삽질을 안 해야겠죠."

"어떻게 하면 삽질을 안 할 수 있었을까요?"

"지금 알고 있는 걸 그때도 알았다면요?"

"예, 하지만 해결 방법은 모른다고 생각하고요."

"글쎄요. 좀 더 자주 만나서 이야기하면 좋았을까요?"

"맞아요. 오전에 작업할 때는 중간에 서로 이야기해서 쓸데없는 작업을 하지 않아도 됐잖아요."

"그런데 둘 다 삽질모드에 빠질 경우를 생각해 보세요. 오후에는 매우 힘들었잖아요."

"음......, 이러면 어떨까요? 아예 강제로 현재 하던 작업이 끝났든지 끝나지 않았든지 한 시간마다 모여서 현재 작업 상황을 서로 공유하는 거죠."

"아, 그거 좋은데요? 그럼 내일은 한번 그렇게 작업해보죠."

"회고 자체에 대해서는 어떠세요? 이런 방식으로 진행하는 건 괜찮으세요?"

"예, 괜찮은 것 같은데요. 다만 처음에 한 일을 말하는 사람은 조금 힘들겠네요. 가장 많이 이야기해야 하니까."

"일단은 계속 이런 방식으로 해보고 문제가 될 것 같으면 다음에 다시 이야기해 봐도 좋을 것 같네요."

"예, 그렇게 하시죠."

"그럼 다들 수고 많으셨습니다."

10

그렇게 하시오[1]

Agile
Retrospectives
Making Good Teams Great

생산적인 팀은 회고의 결과물로 회고를 판단한다. 스타십 엔터프라이즈호의 선장 장 록 피카드처럼, 변화하려 할 때마다 거리낌 없이 "그렇게 하시오."라고 말할 수 있다면 얼마나 좋을까. 하지만 모든 변화 상황에 "그렇게 하시오."라고만 이야기할 수는 없다. 그리고 팀원들이 함께 결론을 이끌어내야 한다. 실행 계획(action plans)은 결과물을 준비하는 과정이다. 변화의 시도를 이터레이션 작업 계획에 포함시켰다면 그것은 그 시도들이 관심을 받고 있다는 신호다. 하지만 어떨 때는 이것만으로 충분하지 않다.

---

1 (옮긴이) 미국의 유명 TV시리즈 '스타트랙'에서 우주연방 함선 U.S.S 엔터프라이즈호를 이끄는 함장 장 록 피카드(Jean-Luc Picard) 선장의 대사다. 급변하는 상황에서 결단력을 발휘하는 뉴리더십을 표현한다. 관련 서적으로는 『Make it So: Leadership lessons from Star trek, the Next Generation』 (1995), 번역서는 『위기관리 리더십』이 있다.

만약 여러분이 한 번이라도 개인적인 버릇(예를 들면 손톱 물어 뜯기)을 바꿔 보려 한 적이 있었다면, 대체할 무언가가 없이 버릇을 바꾸기란 사실상 불가능함을 알고 있을 것이다. 예전의 버릇을 완벽히 없애기보다 새로운 행동을 추가하는 편이 쉽다. 이것은 팀이나 조직에게도 마찬가지로 적용된다.

린의 팀은 회고에서 계획 없이 바로 코드부터 짜는 행동을 하지 않기로 결정했다. 그런데 다음 이터레이션 계획 회의 때 두 팀원이 지난 주말 동안 작업한 코드 내용을 공유하기 위해 노트북을 꺼냈다. 그 두 사람은 자신들이 미리 코드를 작성하면 팀이 더 순조롭게 출발할 수 있다고 믿었던 것이다.

린은 모든 팀원에게 규칙을 상기시킨 다음 자신이 애자일 토론 그룹에서 읽었던 몇 가지 계획에 대한 아이디어들을 공유했다. 팀원들은 자신들의 결정을 고수하고 계획 수립에 대한 린의 아이디어를 시도해 보기로 했다. 팀이 작업할 내용에 대해 이야기를 시작하자 두 팀원은 지난 주말에 작업한 코드가 이터레이션 목표에 아무런 도움이 되지 않는다는 사실을 깨달았다. 결국 헛수고를 한 셈이다.

대체물(여기서는 계획 수립 아이디어) 없이는 대안을 찾지 못하고 과거에 했던 행동으로 돌아가게 된다.

새로운 행동은 그게 무엇이든 처음에는 서툴게만 느껴진다. 사람들은 새로 테니스 서브를 배우든, 새로운 언어로 코딩하는 법을 배우든, 모두 훈련을 거쳐야 익숙해진다. 사람들에게 새로운 기술을 시도할 때 실수해도 괜찮다며 격려와 자신감을 주고 지원하자.

10.1 지원하기

변화를 이루어내는 작업은 회고가 끝났다고 해서 완성되는 것이 아니다. 제아무리 작은 변화라도 보살핌과 지원이 필요하다. 지원에는 다양한 형태가 있다. 강화(reinforcement), 공감(empathy), 학습 기회(learning opportunities), 연습 기회(practice opportunities), 기억을 도와주는 장치(reminder) 같은 것이 있는데, 이 중 공감과 기억을 도와주는 장치 등은 팀 내에서 해결할 수 있지만, 다른 지원들은 자원과 예산이 필요하다. 팀 리더, 코치, 관리자들은 경비에 관련된 지원을 조달해낼 의무가 있다.

강화 변화는 어렵다. 여러분의 팀(과 여러분 자신)이 얼마나 변화가 진행되고 있는지 알려 주자. 또한 무엇이 잘되고 있는지 격려해 주자. "새로운 단위테스트 덕분에 우리가 시스템을 깔끔하게 빌드하고 있습니다. 잘되고 있어요!" 여러분이 팀을 격려하면 도전 정신과 근무 의욕이 고취된다.

무엇이 잘되고 있는지 사람들에게 알려 주면 팀은 스스로 진행 상황을 이끌고 있음을 알게 된다. 피드백을 줄 때는 행동을 설명하고 그 효과를 언급하고 있는지 유의하자. "어제 스탠드업 미팅을 하면서 우리가 예상한 대로 잘 진행하고 있다는 걸 알 수 있었습니다. 우리는 네 가지 질문[2]을 빠뜨리지 않기로 약속했고, 모두 지켜냈습니다. 저로서는 장애물이 무엇인지 알아내는 데도 정말로 큰 도움이 되었습니다."

공감 사람들이 느낄 수 있는 상실감과 두려움을 인정해야 한다. 다음에 나오는 팀 리더인 프레드는 이러한 면을 인정하지 않아 그의 팀원이 팀에 적용하기로 한 변화에 대해 상담하고자 찾아왔을 때 적절히 대처하지 못한 경우다. 프레드의 팀은 작업 공간을 한층 열린 구조의 공간으로 이동하기로 결정했는데, 그 팀원은 사적인 공간이 없어진다는 느낌을 받았던 것이다. 프레드는 그 팀원에게 다음과 같이 대답했다. "저도 거기에 대해 생각해 봤

---

2 본래 스크럼의 일일 회의(daily scrum)에서는 다음과 같은 질문 세 가지를 돌아가면서 한다.
  • 지난 번 일일 회의에서 지금까지 한 일이 무엇인가?
  • 지금부터 다음 번 일일 회의 때까지 할 일은 무엇인가?
  • 지금 일을 하는데 장애요소가 무엇인가?
  본문에서 네 가지 질문이라는 것도 이것과 비슷한 맥락으로 판단된다.

지요. 하지만 당신이 그렇게 느낄 만한 하등의 이유가 없습니다." 이것은 공감이 아니다. 다른 사람들의 관점과 느낌을 인정해야 한다(그 상황을 고치겠다고 약속하는 것은 아니다). "무슨 말씀이신지 알겠네요."라고 간단히 말해주는 것으로 충분하다.

학습 기회 탐험과 학습을 지원하는 실험을 해보자. 팀 스스로 선택한 행동 계획에 대한 시도를 성공시키려면 새로운 기술을 배워야 하기도 한다. 이를 위해 팀원들이 다 같이 학습할 수 있는 곳에서 점심 도시락을 먹으며 각자의 지식을 공유하는 시간을 마련한다. 또한 팀원들이 새로운 아이디어를 찾을 수 있도록 웹 자원과 논문들의 목록을 제공한다. 팀 내부나 외부에서 비공식적인 조언자를 찾는다. 새로운 코딩 언어와 기술을 배울 때는 짝 프로그래밍하도록 독려한다. 여기까지는 예산이 없어도 할 수 있는 것들이다.

그리고 변화를 지원하기 위해 비용을 지출하는 것을 주저하지 말자. 웹사이트와 논문만으로 모든 기술을 배울 수는 없다. 새로운 기술의 기초를 세우는 훈련에 투자해야 한다. 도서관을 만들어 팀원들이 자원에 손쉽게 접근할 수 있도록 하자.

연습 기회 숙련자가 되기 위해서는 연습이 필요하다. 한 가지 방법은 제품에만 얽매이지 않고 새로운 것을 시도해 볼 수 있도록 팀원들을 풀어 주는 것이다. 또 매우 짧은 프로젝트나 연습을 할 수 있는 공간, 혹은 Hello World 프로그램을 작성하고 테스트해 볼 수 있는 공식적인 공간을 만드는 방법도 있겠다.

하루나 이틀, 아니면 그보다 더 적은 기간 동안 진행되는 프로젝트를 만들어 가능성이 있는 해결책을 탐구해 보거나, 새로운 방법을 시도해 본다. 만약 팀이 시간을 추정하는 데에 문제를 겪고 있다면 두 가지 기능만 수행하는 짧은 프로젝트를 시작해 본다. 짧은 프로젝트는 시간이 제한되어 있어 산출물이 금방 나오므로 팀원들이 실험에 대한 자신들의 학습과 결정을 평가할 수 있는 명확한 점검 지점이 만들어진다.

연습 공간은 팀원들이 실제 제품에 영향을 끼치지 않는 뭔가 새로운 것을 시도해 볼 수 있는 곳이다. 연습 공간은 현재 제품을 개발하는 데는 사용하지 않는, 특별한 테스트나 개발을 수행하는 공간이 될 수 있다.

팀원들이 Hello World 프로그램을 작성해 보도록 한다. Hello World 프로그램은 간단하다. 일반적으로 "Hello World"라는 글자를 화면에 출력하는 것 외에는 아무것도 하지 않는다. 하지만, Hello World 프로그램을 작성하면서 개발 환경과 설정을 점검하고 문제를 빨리 찾을 수 있다. 혹은 기본 개념이 제대로 작동하는지를 확인할 수 있다.

기억을 돕는 장치들 눈에 보이는 큰 차트와 체크인이 있으면 팀은 변화에 집중할 수 있다. 예를 들어, 테리의 팀은 더 자주 리팩터링하기로 결정했다. 그들은 큰 차트를 만들어 팀원들이 리팩터링 작업이 끝날 때마다 초록색 점 스티커를 붙이기로 했다. 하루 일과가 끝날 때 차트를 보며 결과에 대해 의견을 나누었다. 코드 상황은 차트를 통해 잘 드러났다.

또한 팀원들은 체크인을 통해 행동에 어떤 특정한 변화가 있었는지 이야기한다. 질문과 답변을 짧게 하도록 하자. "한두 마디로 우리가 추정을 하는 방식을 이야기해 보세요." 이에 대한 대답을 통해 새로운 실천 방법이 어떻게 진행되는지 알 수 있다.

10.2 변화를 만드는 책임 공유하기

계획된 행동 항목을 총괄하는 책임이 한 사람에게 있다면 다음과 같은 세 가지 문제가 발생할 수 있다.

- 팀원들은 구원자인 그 팀원을 찾아다닐지 모른다. 그 구원자는 팀에 손실을 초래할 수 없다는 감정적 이유로 자신의 역할에 더욱 빠져들 수

있다. 팀이 구원자에게 의존하든, 구원자가 자신의 역할에 빠져 있든, 그러한 역학 관계는 협력과 팀원들의 공유된 주인 의식을 제거한다.

- 공식적으로나 비공식적으로 리더 한 명에게 일관되게 책임을 지우면 (팀 외부의 시스템 문제를 제외하고), 그 사람은 팀을 무기력한 희생자가 되게끔 교육한다. 개선을 위한 협력은 팀을 강하게 만든다. 책임을 제거해 사람들을 무기력에서 구하자.
- 꼭 한 명의 책임자가 아니더라도, 팀이 끊임없이 문제를 해결하기 위해 팀 내부의 한 하위 그룹에 책임을 떠넘기는 행위는 사람들로 하여금 모든 문제의 근본 원인이 그 하위 그룹에 있다고 생각하게 만든다. 희생 양은 팀을 망가뜨린다. 책임을 공유하고 진행을 돌아가면서 맡자.

10.3 큰 변화 지원하기

이터레이션 회고는 보통 작은 변화를 이끌어낸다. 이 변화는 주로 팀이 다음 이터레이션 때 적용하거나 이터레이션을 몇 차례 거치며 하나씩 이룰 것이다. 규모가 큰 회고에서는 실행하는 데 더 많은 시간이 필요하고 큰 변화가 파생된다. 이러한 거대한 변화의 경우 사람들이 어떻게 반응할지에 대해더욱 관심을 가져야 하고, 세심하게 지원해야 한다.

사람들은 옛것을 보내고 새로운 것을 취할 때, 어느 정도 예상이 되는 과도기를 겪는다. 심지어 변화를 선택하고 계획할 때조차 그러한 과도기를 겪는다. 변화의 크기가 작다고 느끼면 사람들은 외부 도움 없이 변화를 수용할 수 있다. 그러나 큰 변화의 경우 과도기가 더 길어지며 사람에 따라 그 정도가 달라질 것이다. 변화의 과도기는 총 네 단계를 거치는데, 이 과정을 이해하면 팀을 훨씬 효과적으로 지원할 수 있을 것이다.

변화의 네 단계 과도기
다음의 네 단계를 거친다.

상실 새로운 무언가를 시작한다는 것은 항상 오래된 무언가를 떠나보내는 것에서 시작한다. 이때 사람들은 상실을 경험하는데, 이것은 능력, 분야, 관계, 확실성의 상실을 의미한다. 새로운 것에 대한 기대감은 이 단계에서 빠르게 사라지거나 혹은 작용하더라도 오랜 시간이 걸린다. 어느 쪽이든 이러한 상실감이 저절로 없어지기 전에는 사람들은 더 나아가지 않고 나아갈 수도 없을 것이다.

혼돈 오래된 것을 사라지게 둔다고 해서 새로운 것을 완전히 이해했음을 의미하지는 않는다. 사람들은 변화에 혼란스러워하지만 변하는 동안에도 스스로 새로운 환경에 적응하고자 애를 쓴다. 사람들은 어떻게 변할지, 새로운 방법에 어떠한 의미가 있을지를 탐구한다. 혼란(confusion)과 함께, 혼돈(chaos)은 혁신과 창의력을 자극할 수도 있다. 규칙이 아직 정착되지 않았기 때문에 사람들은 전혀 새로운 접근법을 만들기도 한다.

아이디어를 변경하기 결국, 사람들은 새로운 방식이 자신들에게 어떻게 동작하는지 알게 되거나 경험하게 된다. 실험과 탐구를 통해 사람들은 새롭게 이해하게 될 것이다. 또 외부로부터 받은 영향으로 새로운 관점이 생긴다. 그리고 팀원들은 새로운 행동과 아이디어를 시도하기 시작한다.

연습과 통합 아이디어만으로는 충분하지 않다. 사람들은 몰랐던 기술을 배우거나 새로운 구조에 적응하기 위해 연습해야 한다. 처음에는 효율이 떨어질지 모르나 거듭 연습하면 향상될 것이다.

사람들이 이러한 변화의 단계를 밟으면서 다음 세 가지 영역에 집중하게 된다.

무엇이 사람에게 가치를 주는가? 팀원이 예전 방식으로 어떤 가치를 얻었는지 조사한다. 그 가치를 앞으로도 이어나갈 방법을 찾는 한편, 그러지 못한 방법은 버린다. 예전의 어떤 방식이 가치 있었는지 알아보면서 여러분은 사람들이 그동안 어리석지도 잘못하지도 않았다는 사실을 알게 될 것이다. 그 당시에 누군가 그게 좋은 아이디어라고 생각했고, 실제로도 그랬다. 사람들은 그동안 자신들이 어리석게 행동했기 때문에 변화를 시도하려는 건 아니라고 믿을 때 더 쉽게 변화를 받아들인다.

한 예를 살펴보자. 릴리스 회고에서 락쉬미와 팀원들은 제품에 대한 요구 사항을 만족시키려면 팀 규모를 50%정도 확장할 필요가 있다고 생각했다. 자신들의 제품이 성공적이라는 사실은 기뻤지만, 작고 단결된 팀을 잃는다는 상실감도 느꼈다. 그래서 새로운 인원이 들어올 때마다, 팀이 유지하고 싶은 가치와 실천 방법들을 분명히 하는 작업을 했다. 그를 위해 확장되기 전에 팀은 자신들이 더 큰 팀으로 성장하면서 유지해나가야 할 가장 중요한 것이 무엇인지에 대해 우선순위를 매겼다.

임시 구조(Temporary Structures) 임시 구조란 사람들이 예전 방식과 새로운 방식 사이의 혼란스러운 단계에서 어떻게 이행할지 방향을 설정하도록 해준다. 임시 구조는 계획이나 때로는 어떤 역할로 구현될 수도 있고, 회의나 방법이 될 수도 있다. 현재 상태와 목표 상태에서 가교 역할을 하는 방식이라면 무엇이든 임시 구조가 될 수 있다.

다음은 임시 구조를 활용한 예다. 프란츠와 팀원들은 하이테크 의료 장치를 만들고 있었다. 길고 고통스러웠던 프로젝트가 끝난 뒤 열렸던 회고에서 팀은 XP를 사용해 이터레이션마다 점차적으로 가치를 높이는 개발을 진행함으로써 위기를 관리하기로 했다. 그들은 코치를 고용하고 XP 집중 교육 훈련에 참석했다. 하지만 영업 부서는 요구사항 문서가 아닌 인덱스카드에 적힌 스토리에 의지하는 등의 XP 방식에 회의적이었다. 그들은 너무나도 기존의 규칙에 얽매여 있었던 것이다.

XP를 포기하거나, 스토리를 사용하지 말라는 영업 부서의 요구를 받아들이는 대신 팀은 임시 구조를 만들었다. 그들은 기꺼이 영업 부서가 원하는 요구사항 문서를 받아들였고, 그 요구사항들을 한 이터레이션에 한 번씩 스토리로 변경했다. 모든 이터레이션 말미에 그들은 영업부서에 그들이 만든 소프트웨어를 보여 주고 스토리가 어떻게 요구사항과 연관되는지를 설명했다. 이터레이션이 몇 차례 지나고 영업 부서 사람들은 요구사항을 스토리로 작성하는 것의 가치를 깨닫게 되었다. 그리고 관리 목적의 스토리 추적 방법을 고안해냈다.

요구사항을 스토리로 변환하는 임시 구조를 사용하여 팀이 원하던 목표를 이룰 수 있었다.

정보와 소문 통제 뭔가 변화가 일어날 때 사람들은 그 변화가 자신에게 어떤 영향을 끼칠지 궁금해 하고 그런 정보에 갈증을 느낀다. 사람들은 정보를 얻지 못하면, 그 공백을 최악의 상황에 대한 공포로 채우곤 한다. 아무리 작은 팀에서도 소문은 돈다.

변화 과정 중에 소문을 통제할 수 있는 정규 장치를 마련하자. 새로운 정보를 제공해 공포감을 진정시키고, 소문을 밝혀내어 사실이 무엇인지 알려주는 것이다.

한 팀은 소문 통제 게시판을 만들었다. 팀원들은 소문을 들을 때마다 내용을 카드에 적어 게시판에 붙였다. 모든 사람이 최근 나도는 소문을 알 수 있고, 거기에 사실을 추적할 의무까지 지게 되었다. 일단 사실이 알려지면, 그 내용도 게시하여 소문을 통제할 수 있도록 만들었다.

덧붙여서, 소문 통제 게시판은 사람들이 들었던 내용들 중 대부분이 진실이 아님을 전파해 준다. 사람들은 최근 가십거리에 지나친 관심을 보이지 않고, 여기저기에 말하기에 앞서 사실인지 여부부터 확인하게 될 것이다.

*

회고는 변화를 일으키는 강력한 촉매제가 될 수 있다. 단 한 번의 회고에서 매우 중요한 변화가 시작되기도 한다. 물론 이를 점차적으로 개선해 나가는 일도 중요할 것이다. 축하한다! 회고는 많은 팀들이 여태까지 달성해온 것보다 더 많은 개선을 이루도록 해줄 것이다.

A 진행 도구

Agile
Retrospectives
Making Good Teams Great

알맞은 도구를 사용하면 회고를 더 쉽고 재미있게 진행할 수 있다. 이를 위해 구입할 도구로는 무엇이 있는지 알아보자.

여러분이 한 해에 수차례 회고를 진행하거나 이터레이션이 끝날 때마다 회고를 진행한다면, 소지하고 다니면서 쓸 수 있는 도구를 마련해 두자.

이터레이션 회고에서는 포스트잇, 마커, 테이프, 점 스티커만 있으면 된다. 이 도구들을 작은 상자나 가방에 넣고 출발하면 된다.

다음은 우리가 비교적 긴 회고에서 사용하는 도구들이다.

- 테이프 - 벽에 오래 붙여 놓았다 떼어도 페인트가 벗겨지지 않는 것.
- 다양한 색의 수성 마커
- 포스트잇 - 작은 크기, 중간 크기, 큰 크기
- 인덱스카드 - 가로세로 3x5센티미터 이상

- 풀
- 수정액
- 가위
- 주머니칼
- 종, 벨, 징
- 색이 있는 점 스티커
- 타이머
- 계산기

플라스틱 통이나 여행 가방, 마분지 상자에 도구들을 넣어두는데, 어디에 넣든지 보관하고, 찾고, 들고 이동하는 데 용이해야 한다.

인덱스카드, 포스트잇, 마커, 점 스티커를 사용해서 사람들이 아이디어를 볼 수 있고, 모을 수 있고, 우선순위를 매길 수 있다. 가위나 주머니칼은 종이를 크기에 맞춰 자르거나 상자를 열 때 사용한다. 테이프는 뭔가 벽에 붙일 때 사용한다. 풀과 수정액은 플립 차트에 뭔가 적다가 실수했을 때 요긴하게 쓸 것이다. 타이머는 시간을 잴 때 필요하다. 여러분이 많은 사람과 함께 회고를 진행한다면 사람들의 주위를 끌 때 소리 지르지 않을 수 있도록 종을 써도 좋다. 계산기는 박스에 넣어 두고 있다가 회고 참가자가 계산할 일이 있다고 하면 건네 준다.

여러분에게 맞는 도구를 찾을 수도 있지만, 일단 이러한 도구로만 시작해도 괜찮을 것이다.

마커를 쓸 때 주의할 점 회의실에 놓인 것을 쓰려고 하지 말고 자신의 것을 마련하자. 화이트보드용 마크가 대부분이고 게다가 말라서 사용할 수 없는 것도 있으니 말이다.

화이트보드용 마커는 독성이 있어서 여러분과 팀원들에게 두통이 생길 수 있다(가벼이 여길 일이 아니다. 종종 이런 마커에 알레르기가 있는 사람도 있다).

마커는 검은색, 남색, 청록색, 보라색, 갈색 같이 어두운 색을 고른다. 밝은 색은 강조할 때 사용할 수 있지만, 노란색은 조금만 멀어져도 보이지 않는다. 빨간색은 어두운 계열처럼 보이겠지만, 멀리서 읽기는 힘들다. 수성 마커는 독성도 없고 대부분 물로 씻을 수 있다.

마커는 끝이 동그란 것 말고 납작한 것을 고른다. 동그란 마커는 선을 그릴 때 너무 얇아서 보기가 힘들다.

기록하기 중요한 플립 차트는 디지털 카메라로 사진을 찍어 둔다. 팀원들의 허락 하에 그들이 작업하는 모습도 찍는다. 직접 글을 쓴 보고서보다 눈에 보이는 기록물이 회고의 내용을 더욱 더 잘 기억나게 한다.

물론 이런 도구들도 중요하지만 가장 중요한 것은 여러분 자신이다. 그 어떤 도구도 작업 프로세스를 제공하고 아이디어의 흐름을 관리하며 사람들의 지혜를 이끌어내는 능력은 없으니 말이다.

B 공유 활동

A g i l e
Retrospectives
Making Good Teams Great

3장 회고 진행하기의 69쪽에서 소개한 네 단계 공유 방법은 거의 모든 상황에서 사용할 수 있다. 하지만, 활동도 반복하면 지루해지듯이 공유하는 시간도 되풀이하면 지루해진다. 시간이 지나면 팀원들은 이제 질문의 순서를 파악할 것이고 심지어 괴로워할지도 모른다. 이를 대비해 여기서는 공유하는 다른 방법들을 알아볼 것이다.

한 질문 공유 "이번 활동에서 가장 먼저 이야기하고 싶은 것이 무엇인가요?"라고 묻는다.

일지(journal) 공유 만일 팀원들이 일지를 쓰고 있다면(더 나은 리더 혹은 팀원이 되고자 하는 사람에게는 좋은 아이디어다) 팀원들에게 질문을 두세 개 던진 후 각자 일지에 대답을 적는 시간을 7분에서 10분 정도 준다. 시간이 다

되면 팀원들에게 공유하고 싶은 통찰을 얻은 사람이 있는지 묻는다. 주제에 따라서 작성한 내용을 밝힐지 말지를 선택할 수도 있다.

개인적으로 반성하는 것이 목적인 공유라면 다음과 같은 질문들을 해볼 수 있다.

- 이 상황에서 여러분이 기여한 바에 대해 외부 사람은 어떻게 이야기할까?
- 여러분이 이 상황을 개인적으로 개선할 수 있는 방법이 하나 있다면 무엇일까?
- 여러분이 다음 이터레이션에서 다르게 시도할 방법 하나는 무엇일까?
- 여러분이 다음 이터레이션에서 맡아서 진행할 수 있는 시도가 하나 있다면 무엇일까?

짝 질문 팀원들이 활동에 대한 이야기를 원활히 할 수 있는 질문 한 쌍을 고른다. 짝 질문은 다음과 같다.

- 이번 활동을 하면서 흥미로웠던 일은 무엇인가요? 여러분 자신과 옆 동료에 대해 배운 것은 무엇인가?
- 이번 활동이 팀에서 했던(혹은 이터레이션에서 했던) 다른 활동들과 비교해 어떤 경험이었나요? 어떤 팀의 강점을 볼 수 있었나요?
- 이 활동 후에 여러분의 생각이 어떻게 바뀌었나요? 만약 처음으로 돌아가서 한 가지를 바꿀 수 있다면 어떤 것을 바꾸고 싶으세요?

만약에 팀이 새로운 방법으로 생각할 수 있게 격려한다. "만약에……?" 라고 질문한다.

- 만약에 시간축이 과거에서 현재가 아닌 현재에서 과거 순으로 거꾸로 구성했다면?

- 만약에 브레인스토밍할 시간이 두 배 정도 더 있었다면?
- 만약에 다른 사람들과 그룹이 됐다면?
- 만약에 그 활동을 바로 지금 시작한다면?

C

활동 참조표

A g i l e
Retrospectives
Making Good Teams Great

언제 어떤 활동을 사용하는지 궁금한가? 여기에 간단한 참고 자료가 있다. 다음 표에는 이 책에 나와 있는 모든 활동을 회고의 단계와 종류별로 분류했다.

표 C.1 회고의 단계와 종류에 따른 활동들

단계	활동	이터레이션	릴리스(혹은 비교적 긴 이터레이션)	프로젝트 종료 시점
사전 준비하기	체크인(check-in)	O		
	집중할 것/집중하지 말 것	O	O	
	ESVP		O	O
	작업 규칙	O	O	O
	체온 측정		O	O
	만족도 막대그래프	O	O	O
자료 모으기	시간축과 응용 방법		O	O
	5.5.5(Triple Nickles)	O	O	O
	점 스티커로 색 표시하기		O	O
	화남, 슬픔, 기쁨	O	O	O
	강점 알아내기		O	O
	만족도 막대그래프	O		
	팀 레이더	O	O	O
	끼리끼리(like to like)	O	O	O
통찰 이끌어내기	브레인스토밍/필터링	O	O	O
	역장 분석		O	O
	다섯 번 질문하기	O	O	O
	생선가시		O	O
	패턴과 변화	O	O	O
	점 스티커로 우선순위 매기기	O	O	O
	종합하여 발표하기	O	O	O
	주제 파악하기		O	O
	학습 매트릭스	O		
무엇을 할지 결정하기	회고 계획 게임		O	O
	SMART 목표	O	O	O
	순환 질문	O	O	O
	짧은 주제	O		
	5.5.5	O	O	O
	역장 분석		O	O
회고 마치기	+/델타	O	O	O
	감사 표현하기	O	O	O
	체온 측정	O	O	O
	도움이 되었던 일, 지연되었던 일, 가설	O	O	O
	ROTI	O	O	O
	만족도 막대그래프	O	O	O
	팀 레이더	O	O	O
	학습 매트릭스	O	O	O
	짧은 주제	O	O	O

회의 진행 기술에 대한 자료

Agile
Retrospectives
Making Good Teams Great

다음 세 조직에서 회의 진행(facilitation)에 관련된 훈련 과정을 제공한다.

- Technology of Participation, Group Facilitation Methods Course:
  http://www.ica-usa.org/top/courses/crsgfm.html
- Community at Work, Group Facilitation Skills:
  http://www.communityatwork.com/groupfac.html
- The Grove Consultants International for workshops on facilitation
  and graphic recording:
  http://www.grove.com

훈련과 연습, 그리고 관찰력을 보충해 줄 멋진 책 세 권이 있다.

- 『The Facilitator's Guide to Participatory Decision-Making』, 카너 (Kaner),린드(Lind), 톨디(Toldi), 피스크(Fisk), 버거(Berger) (New Society Publishers, 1996)
- 『The Skilled Facilitator』 (개정판), 로저 슈워츠(Roger Schwartz) (Jossey-Bass, 2002)
- 『The Art of Focused Conversation: 100 Ways to Access Group Wisdom in the Workplace』, R. 브라이언 스탠필드(R. Brian Stanfield) 편집 (New Society Publishers, 2000)

Agile
Retrospectives
Making Good Teams Great

[Bec00]   Kent Beck. Extreme Programming Explained: Embrace
            Change. Addison-Wesley, Reading, MA, 2000.

[Bri03]   William Bridges. Managing Transitions: Making the Most of
            Change. Da Capo Press, Cambridge, 2003.

[Dav05]   Rachel Davies. Improvising Space for a Timeline. Email, 2005.

[Der02]   Esther Derby. Climbing the learning curve: Practice with
            feedback. Insights, 2002. Fall.

[Der03a]   Esther Derby. How to Improve Meetings When You're Not in
            Charge. stickyminds.com, 2003.

[Der03b]   Esther Derby. The Roti Method for Gauging Meeting
            Effectiveness. stickyminds.com, 2003.

[Der05]   Esther Derby. Helping Your Team Weather the Storm. stickyminds. com, 2005.

[Der06]   Esther Derby. 7 Ways to Revitalize Your Sprint Retrospectives. Scrum Alliance, 2006.

[Hin05]   Siegi Hinger. Re: Improvising Space for a Timeline. Email, 2005.

[Kan96]   Sam Kaner. The Facilitator's Guide to Participatory Decision-Making. New Society Publishers, Gabriola Island, BC, 1996.

[Kel87]   J. M. Keller. Strategies for Stimulating the Motivation to Learn. Performance and Instruction, 26(8):1-7, 1987.

[Ker01]   Norman L. Kerth. Project Retrospectives: A Handbook for Team Reviews. Dorset House Publishers, New York, 2001.

[Lam06]   Marilyn Lamoreux. The Need for Reflective Leadership in Organizations. Unpublished, 2006.

[Lar03]   Diana Larsen. Embracing Change: A Retrospective. Cutter IT Journal, 16(2), 2003.

[Lar05a]   Diana Larsen. Set the Stage for Future Results: Employ Retrospectives to Improve and Sustain Software Quality. Cutter IT Email Advisors: Agile Project Management, November 2005.

[Lar05b]   Diana Larsen. The Problem of Team Decision-Making. Cutter IT Email Advisors: Agile Project Management, March 2005.

[Lar05c]   Diana Larsen. Using the Retrospective for Positive Change. Cutter Executive Updates: Agile Project Management, January 2005.

[Mac03]   Tim MacKinnon. XP—Call in the Social Workers. http://

www.macta.f2s.com/Thoughts/Papers/XP%20Call%20In%20th
e%20social%20workers%20-%20Final.pdf 2003

[MR05]   Mary Lynn Manns, Ph.D. and Linda Rising, Ph.D. Fearless
            Change: Patterns for Introducing New Ideas. Addison-Wesley,
            Boston, 2005.

[RD03]   Linda Rising and Esther Derby. Singing the Songs of Project
            Experience: Patterns and Retrospectives. Cutter IT Journal,
            16(9):27-33, 2003.

[S+91]   Virginia Satir et al. The Satir Model: Family Therapy and
            Beyond. Science and Behavior Books, Palo Alto, 1991.

[Sch90]   Johanna Schwab. A Resource Handbook for Satir Concepts.
            Science and Behavior Books, Palo Alto, 1990.

[Sch94]   Roger Schwartz. The Skilled Facilitator. Jossey-Bass Publishers,
            San Francisco, 1994.

[Sch04]   Ken Schwaber. Agile Project Management with Scrum.
            Microsoft Press, Redmond, WA, 2004.

[Smi00]   Steven M. Smith. The Satir Change Model. stevenmsmith.
            com, 2000.

[Sta97]   R. Brian Standield, editor. The Art of Focused Conversation:
            100 Ways to Access Group Wisdom in the Workplace. The
            Canadian Institute of Cultural Affairs, Toronto, 1997.

[Tab06]   Jean Tabaka. Collaboration Explained: Facilitation Skills for
            Software Project Leaders. Addison-Wesley, Upper Saddle
            River, NJ, 2006.

[WM01]   Jane Magruder Watkins and Bernard J. Mohr. Appreciative

Inquiry: Change at the Speed of Imagination. Jossey-Boss/Pfeiffer, San Francisco, 2001.

찾아보기

Agile
Retrospectives
Making Good Teams Great

영어